創新之後

當水電技師、護理師與維修工程師成了稀有人才

李・文塞爾 Lee Vinsel 著
安德魯・羅素 Andrew L. Russell
石一久 譯

The Innovation Delusion

How Our Obsession with the New Has Disrupted the Work That Matters Most

「永遠別說你要創新，以此為目標造成的慘案比其他任何事情都多。」

——傳奇設計師查爾斯．艾姆斯（Charles Eames）

「人性的另一個缺陷是，每個人都想要建造，卻沒有人想要維護。」

——作家寇特．馮內果（Kurt Vonnegut）

目次

第三部

The Innovation Delusion

第一部

第一章

創新風潮下的亂象

少了蹄釘，沒了蹄鐵。
少了蹄鐵，沒了戰馬。
少了戰馬，沒了騎兵。
少了騎兵，沒了情報。
少了情報，失了勝仗。
少了勝仗，失了王國。
全因少根馬蹄釘。

——《只因少了一根釘》(*For Want of a Nail*)，古詩

爆炸發生在早上八點，一間書店的暖氣爐迸出了火花。前一晚，該區的一座儲氣槽由於

槽身腐蝕，導致瓦斯外洩、進入城市的下水道。這些煙霧狀的氣體在排水系統的管路中擴散，最後從市中心店鋪的排水孔散逸出來。這起爆炸一共波及了四棟建築物。儘管無人傷亡，市政當局還是疏散了十三個街區，撤離了兩萬人。對於位在加拿大新不倫瑞克省這座名為聖約翰的小鎮來說，在一個寒冷的四月天清早發生這樣的事，可真說不上是迎接一天的美好開始。[1]

一九八六年發生事故的當天，位於漏氣點正上方的四棟建築物毀損得很嚴重，卻有鄰近卻有一棟建築物得以倖免於難。為什麼？

海蒂・奧弗希爾（Heidi Overhill）知道答案，她向我們揭開了這個祕密。她已故的父親道格拉斯・奧弗希爾（T. Douglas Overhill）開了一家工程顧問公司，專門提供預防性的保養與維修。他最喜歡的一首詩就是前面所引述的《只因少了一根釘》，而其內容所要強調的，正是由於忽視維護工作而導致無法收拾的後果。聖約翰鎮上有棟辦公大樓的業主一直遵照道格拉斯精心設計的計畫定期進行維護。海蒂向我們說明一些具體事項：「比方說，排水孔經常乾掉，而排水管的S形存水彎裡沒有水的話，下水道的臭味及爆炸性氣體就會飄散上來。」而要解決這個問題的辦法很簡單——「定期倒入一桶水就能在存水彎形成水封，改善地下室的異味。」

爆炸當天未受波及的建築物，正是這位客戶的大樓；他前陣子才剛朝排水孔倒水，以維持水封效果。相反地，附近因爆炸毀損的商家，房東都沒有定時執行維護計畫。

在現實生活中，人們一手打造的王國或事業毀於一旦，往往都是因為少了維護工作。

你是否曾有過一種感覺，覺得身邊的人都膜拜錯了對象？你是否曾經覺得，不管是由於偶然或僥倖、失察或疏忽，如今江湖術士都被奉為了英雄，而真正的英雄早已被人所遺忘？

二〇〇九年，馬克．祖克伯接受專訪時，談到當時剛成立不久的臉書致勝的訣竅，這段話也成為了當代人所信奉的口號：「臉書的核心價值觀之一是『快速行動，打破常規』（move fast and break things）。要是沒有做出某些破壞，就代表你行動得還不夠快。」[2] 飛速成長是維持數位經濟的必要條件——隨便問一個持有谷歌、蘋果、臉書或亞馬遜股票的人，都會得到這樣的答案。透過產品的新樣貌和新特色吸引到新用戶，公司才能從廣告商和訂閱者那裡獲取更多收益和資金，並聘僱更多員工。

像臉書這樣的數位新創公司，只要能汰換掉市場上原有的對手，就算是成功了，所以祖克伯才甘於接受冒險所須付出的代價。「我們所做的妥協之一，」他在日後說道：「就是容許產品有缺陷。」這項策略對數位經濟很管用，因為用戶已經很習慣使用試用版產品（beta release），也很習慣接受不穩定的連線品質，而且處理程式問題的成本遠不如修理實體裝置那麼高，例如汽車安全氣囊或是下水道系統。換句話說，「快速行動，打破常規」不只是某位執行長在二十五歲那年大放厥詞的俏皮話而已。它是一項商業策略，也是一種精神，適用於產品開發，也同樣適用於臉書買下WhatsApp和Instagram等潛在競爭者時所展現出的侵略性。

抱持這種觀點的不只有祖克伯。自二〇〇一年的網路泡沫化之後，很多執行長、企業家和商學院教授都公然藐視經商的基本道理，轉而提倡「破壞性創新」（disruptive innovation）和「創造性破壞」（creative destruction）這樣的流行語，甚至是強調「快點失敗才能早點成功」（fail faster to succeed sooner）。[3]這樣的想法很快就被稱之為「新創」（start-up）思維，而創新（innovation）便是其中的主要任務——透過飛速成長來顛覆對手的穩固地位。創新思維造就了某些驚人的成績。臉書創辦十六年後，全球用戶人數達到了二十億人以上，一般人的日常生活一旦少了谷歌或iPhone，就會變得寸步難行。

企業領袖的世界觀也影響到經濟以外的層面。人們改變了價值觀，甚至是對民主的願景，以展現對矽谷神人的尊敬。我們允許孩子花更多時間在螢幕前，並容許那些令人上癮的應用程式佔據我們的注意力。喬治城大學在二〇一八年調查發現，比起地方政府、州政府或聯邦政府，美國人更加信任亞馬遜和谷歌。[4]二〇一六年年初，《華爾街日報》上有位專欄作家大膽預測，有個新政黨會對「美國國家體制」（Establishment America）造成「極端破壞」。[5]而這項改革運動的領導人可能就來自矽谷——也許是祖克伯、前臉書營運長雪莉・桑德伯格（Sheryl Sandberg），或者是臉書的另一號英雄人物——他們可以把這個政黨取名為「創新黨」。畢竟，作者總結道：「有誰會反對創新呢？」不過話說回來，這個新政黨還來不及走出報紙的頁面，就以失敗作收了。

新奇（novelty）位居美國人性格的核心。看看我們有多少座城市的名字開頭是「紐」（New），如紐約、紐哈芬、紐澤西、紐奧良等。自十六世紀開始，美國人便不斷擴張各種疆界，以取得大量的自然資源、政治自主權以及科學方面的進步。來到二十一世紀，數位商品則象徵了創新思維的優越性。製造這些「殺手級應用程式」的公司發展成有史以來最受重視的企業，其鬱鬱蔥蔥的園區也成為大學畢業生內心嚮往的求職聖地。這些公司的高階主管全是我們這個時代的指標性人物。蘋果公司的執行長賈伯斯在二〇一一年去世時，各國紛紛哀悼。鋼鐵人馬斯克在二〇一九年被提名為美國最受景仰的人物，名次還排在教宗方濟各與達賴喇嘛前面，但是遠遠落後於前總統歐巴馬及美國首要的破壞專家——唐納・川普。[6]

所以說，美國人對於創新這件事是下了破釜沉舟的決心。企業集團設立了「創新長」

（Chief Innovation Officer）及「創新佈道者」（Innovation Evangelist）這樣的新職位。大學院校挹注了幾百萬美元來建造華麗庸俗的創新中心，慈善家也願意贊助有抱負的提案者去改造社會的基礎機構。學校允許中學生、甚至幼稚園的學生在課堂上使用筆記型電腦與平板，並向學生鼓吹如「恆毅力」（grit）、創業精神以及設計思考（Design Thinking）等特質，從而「破壞」了教育的本質。今日置身於就業市場的千禧世代表示，當他們所構想的點子無法符合自身的期望，或是達不到那些網路名人或專家的水準時，就會覺得自己一無是處，並感到心力交瘁。這些改變和結果啟人疑竇。創新思維的提倡者大多沒辦法證明，這些新措施真的可以如實兌現承諾。儘管如此，美國人還是繼續打著新潮時尚的名號在顛覆自古以來的傳統。

矽谷的企業家和投資人靠著軟體致富，並獲得資本及自信去涉足其他領域。「快速行動，打破常規」對於設計網頁及應用程式的工程師來說，依舊是很好的忠告[7]，畢竟那個產業的利潤高、失敗代價低、創投資本也很充裕。相反地，事實卻證明，對於建造或設計真實物品的工作者而言，「快速行動，打破常規」等創新思維，可能是非常糟糕的建議。

二〇一六年，不少評論家都在讚賞三星的Galaxy Note 7手機有多優秀，足以證明其創新策略的成功。但不久後，該型號的手機就不斷傳出災情：電池爆炸，導致數百名消費者灼傷、蒙受財物損失。二〇一八年，邁阿密有一座以創新設計而聞名的橋樑在倒塌時壓垮了一條六線道高速公路，造成六人死亡。[8]伊莉莎白．霍姆斯（Elizabeth Holmes）在二〇〇三年成立了以血液採檢技術起家的新創公司Theranos，當時年僅十九歲的她，不僅行動神速——募得了七億美元以上的資金，令公司市值飆破百億，也確實破壞了常規。Theranos違法宣稱擁有革命性的技術，藉此欺騙投資人。不少數位公司在展開新的投機事業時，還是逃不過物質層面上的既有問題，譬如物流、製造流程、消費者品味、社會規範、法律規定以及供需變化等。

可是，為何提出這些爛點子的人還有辦法騙到幾億美元去搞註定會失敗的生意呢？因為他們都狂妄又自大。以最搞笑的投機產品Juicero為例，這台果汁機要價七百美元，而其發明人募得了一億兩千萬美元的資本，但消費者事後卻發現，必須搭配這台機器使用的果汁原料包，只要用手就可以擠出來喝了。我們也可以只把敘事焦點擺在少數幾位（絕大多數是白人男性的）連續創業家身上，集中火力去講述他們在金錢、野心與爛建議滿天飛的世界裡，跌了個狗吃屎的故事。然而，這些問題已經遠遠擴散出矽谷的疆界，散布到了美國經濟——而且很有可能，也滲透進入了全球文化。

之所以寫這本書，是因為我們不想再聽到人們談論矽谷的發展，以及那些創新階層的人們又如何指指點點。我們覺得，是該重新聚焦於對大多數勞工有益的事情上了，並更加重視尚未完成數位轉型的企業。是時候該重新思考，什麼才是對所有社會大眾有益的事情，而不用再關注那幾位遙不可及的億萬富翁又有什麼突發奇想的怪念頭。

過去幾年來，我們探討了創新的信條是如何影響交通運輸、電腦操作以及其他的科技系統，也審慎思考了備受忽略的基礎建設及維護作業。我們發現，越來越多人試圖要把從數位世界中學到的伎倆應用到有形的世界，他們對於科技的見解則同時反映出矽谷的自負與華爾街病態的一面。以上種種反思令我們想要為科技與社會的發展描繪出更有益的方向，這便是本書所要講述的主題。

淪為口號的創新

為了幫助讀者理解本書的內容，我們必須先明確地區分以下概念，它關係到人們對改變以及創新的看法。真正的創新是把嶄新或既有的知識、資源及科技透過有益的方式加以結合。奧地利經濟學家熊彼得主張，創新是推動經濟改革、資本主義以及歷史前進的原動力。但是，真正的創新並不等同於「創新論」(innovation-speak)，後者是由浮誇的辭藻拼湊而成的空洞術語，在投機者的不斷鼓吹下，創新反倒淪為過度氾濫的流行語。接下來讀者將會了解到，我們居住的世界以及所需要的科技，其實跟那些行銷大師和執行長的描述截然不同；他們總是在強調自家的科技產品是現代人必買的必需品。

論其核心概念，創新指的是可以被衡量的改變，而其標準就是獲利。iPhone是近年來最具代表性的範例。它之所以能創造龐大的利潤，不在於它是新發明，而是因為它整合了多種現有的功能，而且很容易操作。其他二十世紀的創新產物還包括：油電混合車、虛擬實境眼鏡、人工耳蝸、功能性磁振造影以及基因檢測。更早以前的創新成果，例如電力、鋼筋混凝土、內燃機，以及鐵氟龍和氯丁橡膠等合成材料，則已構成了現代人日常生活的基礎。

創新是這麼有彈性的詞彙，又能帶來實際的利益，所以提倡者便不斷美化、誇大創新思想對未來的影響力，諸如「賽格威（Segway）電動滑板車將會改變全世界」、「無紙化辦公的時代已經來臨了！」、「網路開啟了世界和平的新時代」。這種天花亂墜的不實炒作，有別於實實在在、可以測量而且少見的創新發明。那是一種宣傳話術，推銷的是尚不存在的未來。

創新論並不誠實，而且常常包裹著樂觀主義，總是在談論機會、創造力與無邊無際的未來，但其實夾雜著威脅恐懼的語言。我們總害怕屈居人後，擔心自己的國家沒辦法在經濟舞台跟別的國家競爭，或擔心自己的事業版圖會變得七零八落，也煩惱孩子會因不懂得寫程式而找不到好工作。英特爾創辦人安迪．葛洛夫（Andy Grove）在一九九六年出版《十倍速時代：唯偏執狂得以倖存》（*Only the Paranoid Survive*），其書名就顯露出創新論者的焦慮。

從更深的層面來看，創新論是建立在一種不為人知、也不正確的前提，即創新本質上就是好事。舉個最極端的例子來說，學術界有好幾篇論文探討過，快克古柯鹼（crack cocaine）在八〇年代是如何「顛覆」烈性毒品的市場。[9]同樣地，美國目前鴉片類藥物的氾濫，也都要歸咎於藥廠的「創新」行銷策略；他們運送數百萬顆藥丸到阿帕拉契山周圍的數個小鎮，向醫師強迫推銷。為了獲取利益，這些藥廠不斷開拓新的銷售管道和創造新的客戶需求。二〇〇九年，研究人員在《美國公共衛生期刊》談到：「當前的醫療院所過度推廣『疼始康定』（OxyContin），事實上，儘管它的藥效沒有超過現有的強效鴉片類藥物……但在二〇〇一年，美國人最常用它來治療中度至重度疼痛。」作者總結道：「這款藥物的通行是商業行銷的勝利、公衛領域的悲劇。」[10]

改變的理念若是遭到操弄，就會導致不堪設想的後果。在能源巨頭安隆公司那些見不得光的作帳手法曝光前，《財富》雜誌從一九九六年到二〇〇一年連續評選它是美國最具創新力的公司。美國的立法者也曾嘗試要將「新創思維」應用到教育層面，結果卻慘不忍睹，不僅導致營利性學校如雨後春筍般地湧現（例如擺明要騙錢的川普大學），還導致公共教育的經費被掏空。而陰謀論者及某些政府對真相和民主的扭曲，是這個時代最顯著的政治發展。儘管如此，卻沒有人上TED Talk去大談陰謀論者艾力克斯・瓊斯（Alex Jones）與俄國情報單位帶來的破壞性創新。

我們想要闡明的重點是，很多人以為只要有創新就是好事，但事實上它們只能是達成某些目的的手段。我們將在第二章指出，創新時常被拿來補救社會上最欠缺的價值觀，所以才會有人提倡用科技來解決深沉的社會問題。舉例來說，有些創業家聲稱，靠著某些應用程式就能夠遏止種族歧視或消除貧窮。[11] 他們有時用創新來取代效率、便利等實用的價值觀，或是將它擺在仁慈與寬容等利他的價值觀之前。但無論如何，單憑創新是沒有辦法達成目標的。要打造以人為本的繁榮社會，必須先確保所有人都能取得基本的物資，並享有現代化的基礎建設。此外，負責維持社會運作的工作者應能獲得足夠的報酬，並且受到妥善的照顧。我們也得妥善分配資源去維持社會上的有形建設與財富，否則它們的價值便有可能下降並失去功效。

創新當然很重要，尤其在促進經濟成長與提升生活品質等方面，扮演著不可或缺的角色。我們兩人近來在出入婦產科、癌症治療中心，甚至是去逛三C門市時，都親身體會到創新的重要性。在特殊情形下，創新論也有其用處，例如在研發新冠疫苗和相關療法的過程中，我們顯然需要加緊腳步。確實，某些新創公司以及專家會為了宣揚抱負而刻意曲解「破壞」的含意，但他們也真的有意願要去面對教育、醫療及貧窮等方面的巨大挑戰。

可是話說回來，人們所以為的創新，有很大一部分其實是創新論。近年來，有經濟學家發現，創新的速率大約從七〇年代開始便逐漸下降。[12]也就是說，從數據上來看，近年來大家都在談創新，但具體的發明或突破性的改變並沒有那麼多。在最極端的情況下，許多創新的提倡者還會貶低大多數人所從事的工作，尤其是那些足以維持科技文明的苦差事。他們也不了解科技生活的精髓：維護與可靠性遠比創新和破壞來得更重要。

維護的重要意義

從你每天開車經過的馬路或橋樑，就能看出維護在日常生活中的重要性。如果你是走路通勤，那麼人行道上的汙漬和坑洞必定會令你心煩。因此，紐約市地鐵的班車突然故障時，大都會運輸署（Metropolitan Transportation Authority）得趕緊在社群網站上發文「維修人員已經出發」，以安撫受困的乘客。試想，在這種時刻聽到「創新人員已經出發」，應該不大具有安慰效果吧！

需要維護的並非只有舊科技。社會習於將軟體及數位科技奉為尖端發展，但是我們在其中所投注的大部分精力，都是為了確保其運作順暢。軟體出現異常時：電話會斷線、訊息會不見、照片會憑空消失、計畫資料和數據也會不翼而飛。而為了找出原因，我們必須耐著性子去摸索，還得忍受另一半的責怪和抱怨，弄到最後很可能會把螢幕給砸了。幸好，還有很多人可以幫忙，包括技術客服人員，如Apple Store門市「天才吧」的店員；有一些人則是自願時間在修復開源（open-source）軟體的程式缺陷。

維護作業是如此重要，我們卻經常不放在心上。公司行號、房屋持有人、政府機關，以及其他負責公共基礎建設的單位，時常因為維護成本高昂而選擇忽略，然而，拖延只會招致慘痛的代價。二〇一八年八月十四日，義大利熱內亞的莫蘭迪橋（Morandi Bridge）倒塌，造成四十三人死亡、六百人無家可歸。這座橋在一九六七年啟用時，義大利的新聞媒體還誇下海口說：「這座橋樑的混凝土結構不需要進行任何維護。此外，利用混凝土保護層來隔絕大氣物質的斜張鋼纜，也一概不需要保養。」[13]大眾因此對於無須維修保養的未來產生幻想，並信以為真。當調查人員仔細追查導致坍塌的諸多因素時，才發現這座橋樑有部分零件已長達二十五年沒有保養了。

在本書的後續章節中，我們將會為你揭示，創新思維如何貶低了保養的觀念，從而引發災難性的後果。我們訪問了幾位律師、教師和工程師，這些人曾經被要求展現更多創新力，不過他們深知，自己能成功就是因為反抗「快點失敗」或「快速行動，打破常規」等壓力。這些人令我們深感佩服，他們保持職業道德、做好份內工作，帶領我們看見了一個不一樣的未來。

從某方面來看，維護是創新的對立面，是維持日常生活的運作、關懷重要的人事物，並保護且延續從過去繼承而來的社會資產。確保道路安全、公司穩定獲利、人民安居樂業……這些都是吃力不討好、不被重視的工作。

但就其他方面而言，維護和創新是完美的搭配。舉例來說，Corgibytes是一家專精於「軟體重塑」（software remodeling）的公司，專門幫助一般企業重整、清理、維護用於產品開發與日常作業的軟體與程式。安卓亞・古萊（Andrea Goulet）在二〇〇九年與史考特・福特（M. Scott Ford）共同創辦了這間公司；到了二〇二〇年，該公司有將近二十位職員。他們對工作很有熱情，也享有許多額外的福利，像是上班時間彈性、可以居家辦公，以及附帶優厚的健康保險與專業發展機會。

文化期待（cultural expectation）包括對於整潔、秩序與職責的標準，它們會促使我們選擇不同的維護作業。在以下的章節中，你將會發現有很多公司跟Corgibytes一樣，不認為維護工作沉悶乏味又妨礙進步，而是視它為一門好生意，還能兼顧員工的自主性，落實友善家庭、環境永續與經濟安全的價值觀。希望讀者可以了解到，若要為下一代樹立榜樣、為這個混亂的時代建立典範，那麼最好把目光從矽谷的指標人物身上移開，轉而投向維護人員。

科技滲透了生活中的每個層面，因此我們認為，有必要用更細緻且全面性的方式來思考科技，包括相關產品的製造、使用及廢棄。就連祖克伯也改變想法，他在二〇一四年宣布以新口號「快速行動，穩固基礎」（move fast with stable infrastructure）來取代「快速行動，打破常規」。[14] 雖然我們現在還無法不加遲疑地舉臉書來做為正面範例，不過，隨著監管單位的調查，臉書若能更加尊重使用者隱私並鬆綁監控措施，那這句新口號就能帶來一絲新希望。如果連祖克伯都願意採納新的世界觀，承認技術革新（technological change）帶來的複雜問題，那麼立法者和企業領袖或許會向他看齊，促成更大的改變。

更美好的未來

本書的寫作緣起於華特・艾薩克森（Walter Isaacson）在二〇一四年出版的《創新者們：掀起數位革命的天才、怪傑和駭客》（*The Innovators: How a Group of Hackers, Geniuses, and Geeks Created the Digital Revolution*）一書。我們對那本書最有意見的地方是，艾薩克森只把重點擺在閃閃發亮的新科技，對於平凡、真實的應用情況反倒不加著墨。安德魯於是提議，我們可以合寫一本書來加以反制，書名就叫做《維護者們：創造耐用技術的內向人士、行政人員和工程師》（*The Maintainers: How a Group of Bureaucrats, Standards Engineers, and Introverts*

Created the Technologies That Kind of Work Most of the Time）。我們開始在網路上探討這個想法，在部落格寫文章、也在推特上發文，這件事就這麼意外地開始了。一些學術界的同仁、鑽研科技領域的歷史學家和社會學家，也都鼓勵我們繼續擴展構想。[15]

二〇一六年四月，我們舉辦了一場「維護者」（The Maintainers）研討會，並且在Aeon網站上發表了〈維修人員萬萬歲〉（Hail the Maintainers）。然後，令人驚訝的事情發生了：我們這兩個學者所寫的無趣內容竟然在一夕之間爆紅。我們舉行的會議和文章紛紛受到《大西洋》雜誌、《衛報》、《世界報》以及澳洲廣播公司等主流媒體的報導。我們開始收到非洲及俄羅斯民眾的電子郵件，並受邀前往布魯塞爾和紐西蘭等地演講。「蘋果橘子經濟學電台」（Freakonomics Radio）製作了一集節目來介紹我們所講的概念。我們也接受了美國公共廣播電台的專訪，還為《紐約時報》寫了一篇專欄文章。

在那之後，憑藉許多有心人士的協助，我們又舉辦了兩場會議，並把維護者的概念擴展成全球性、跨領域的社群，以提醒世人重視維護、維修、基礎建設等容易被人遺忘的平凡事務。我們的電郵聯絡清單（歡迎你加入）囊括了各種背景的人：企業顧問、圖書館員及檔案管理員、大學及非營利組織、開源軟體與遺留程式碼（legacy code）維護人員、慈善家、藝術家和設計師、新創公司創辦人與員工、聯邦機構、維修權（right to repair）倡導者、勞權運動者等。

過去幾年來，與我們交流過的人們總是一再地釋出同樣的訊息：不想再聽到了無新意的創新話題，也不再相信光憑科技就可以解決重大問題。他們發現，當前社會對新事物太執迷，因而貶低了平凡大眾的勞力與付出。然而，我們每天都得仰賴這些世俗瑣事，才能安穩過生活。你手裡現在捧著的這本書，是我們在過去六年之間思考、研究以及收集資訊的結晶。在後續的內容中，我們會深入介紹維護者社群，以及他們所從事的工作，並希望世界能因此變得更美好。

當前社會假借創新與破壞的名義，鼓吹大眾「快點失敗」、「快速行動」，我們對這種莽撞心態感到憂心。而本書的目的，就是為了揭露創新論的問題，並請讀者以不同的角度來思考科技文明。希望我們的真誠與坦率會令你感到耳目一新。

本書的第一部和第二部著重於業已造成的傷害。我們從過去開始講起，去了解社會為何把創新棒得那麼高，而大眾的注意力又如何從廣大的科技產業被限縮到數位科技上。接著，我們會評估這種迷思在三種層面上所造成的損害：

一、社會整體

二、特定的單位及組織，例如企業和學校
三、個人生活與職業

你將會了解到，問題的關鍵是出在我們與科技之間的關係，而罪魁禍首就是充斥在科技產業中的混亂觀念與不當決策。

第三部會概略說明一種更有益、也更有成效的觀點。假如我們看重的是把東西修好而不是丟掉，那這個世界會是什麼樣子？若能善用與尊敬我們習以為常的技術與產品，而不要一味崇拜新鮮事物，世界應該會有另一番風貌。這種以維護為核心的觀念出現在日本和荷蘭的職場、軟體公司及美國空軍、圖書館和醫院，以及兩位作者居住的社區中。這些範例在在說明了，維護心態可以提升文化與幸福感，還能促進經濟繁榮。

常言道鑑往知來；想要看清楚未來，必須先了解過去。那麼，就讓我們來回顧一下創新的歷史，首先就從這個問題開始：我們所處的時代為何充滿創新論？

第二章
販賣焦慮

自古至今，人類並非總是鍾愛創新，有時甚至還反對進步。在過往的歷史中，有許多社會還與創新作對。孔子從各方面來都是創新者，他提出的思想與觀念廣傳遠播，直到現今仍有深遠的影響。儘管如此，他卻從未把這些成就視為自己天縱之才的新發明，而是統整了千年以來的傳統思想與價值觀。同樣地，澳洲原住民的習俗、文化與信仰儘管隨時間已有了大幅轉變，但還是很重視未曾改變、始終如一的事物。

自有歷史記載以來，西方世界大體上沒有經歷什麼顯著的變化。現代人也跟柏拉圖一樣，靠著反覆回溯古代聖賢的話語來尋求智慧。綜觀基督教世界，所有的牧者都在強調，他們的信念和決心是來自耶穌基督的教誨，而非源於自身的憑空想像。事實上，在中世紀時期，「創造新事物」(innovare)是壞事，因為教義是社會的唯一準則，創新或是導入非正統的思想就是異端。英格蘭國王愛德華六世在一五四八年頒布《反創新者公告》(A Proclamation

Against Those That Doeth Innovate），禁止人民引進新的宗教儀式與祭典。從文藝復興時期到美國獨立、再到十九世紀的德國哲學發展，無數的思想家和創作者都把古希臘的哲學和政治理念奉為理想。從博大精深的人類思想史來看，現代人對於新鮮事物的癡迷反而顯得古怪至極。

為了分析這種現象，最好先區分創新與創新論；前者能為社會帶來新事物，而後者是過去五十年來人們談論技術革新的方式。創新論的版本很多，包括破壞性創新、社會創新等。自一九九〇年代開始，企業領導人和行銷人員也把矽谷人的那一串行話成天掛在嘴上，譬如變革推動者、思想領袖、顛覆、天使投資人、內部創業、設計思考、創意發想、STEM教育、獨角獸公司、育成中心、新創公司、區域創新中心、創新生態系統和創新園區等等。除此之外，創新論者也很喜歡用「精簡」和「機敏」這類形容詞來描述公司。這種意識形態伴隨著一種價值觀，即社會的進步是來自於新事物，哪怕會造成短期傷害也沒關係。他們也認為，無論是個人還是組織，透過現有的技術就能創造新事物。但實際上，創新論不但無法推動創新，也時常與現實脫鉤。

分辨創新與創新論，就能免於被虛假的承諾所束縛，也更能珍惜前者帶來的實質貢獻。創新論興起於二十世紀末期，但在此之前，真正的創新早已跟著工業革命與資本主義發展了數百年。實際上，在真正的創新日漸式微之時，創新論才開始崛起。

發明家的時代

工業革命後，經濟、科技及文化產生巨變，人們才重新以正向的態度去評估「創新」這個概念。這些始於十八世紀英格蘭地區的變革，在傳播至世界各地之後所呈現的規模，是我們難以想像的。有些作家還稱其為「奇蹟」，雖然人們也因此付出巨大的代價，包括對勞工及自然環境的傷害。

在十九世紀初期至中葉，動力織布機與鐵路等新科技帶動了經濟和社會的轉變。鋼鐵業、營造業和車廠改變了一切。亨利．福特的生產線上有各種特殊的機械，工人只要重複執行簡單的動作就好，以此徹底落實「大量生產」（mass production）的概念。在那之後，生產程序漸漸加入了自動化、機器人及其他科技，但其背後的思維依然沒變。大量生產讓一般人能以更便宜的價格擁有更多物品，所以你衣櫃裡所塞滿的平價成衣，是一個世紀以前大多數人負擔不起的昂貴商品。

這種大規模轉變的必要條件就是價值觀與社會地位的變化。十八世紀的發明家被貶低為「投機者」（projector），地位如同推動可疑事業的提倡者或推銷員。[1] 在一個歌頌戰爭英雄、政治人物與貴族的世界裡，沒什麼人會渴望成為發明家。

漸漸地，從十九世紀開始，社會的典範與楷模便全然換了樣貌。科技創造者的社會地位提升，尤其在英格蘭和美國兩地，領導者都認為國力強弱與人民的勤奮程度有關。[2]一八六二年，社會改革者塞繆爾・史邁爾斯（Samuel Smiles）出版了《工程師們的一生》（*Lives of the Engineers*），把發明家和創業家推舉為工業資本主義的創始者。到了十九世紀末，崇拜名人的風潮便圍繞著愛迪生和亞歷山大・貝爾等發明家打轉。雜誌刊物如《科技時代》（*Popular Science*）和《機械時代》（*Popular Mechanics*）也會刊登科技新知。因此，生在二十世紀的孩子都夢想長大後要當發明家、工程師和創造者。

在這些讚美與崇拜的背後，民眾常常忽略一個事實：科技的誕生是集結眾人的智慧和力量，而不是單憑一顆聰明的腦袋。舉例來說，伊萊・惠特尼（Eli Whitney）因為「發明」軋棉機而備受讚揚，儘管在世界其他角落，類似的技術已經存在數百年。[3]然而，大眾媒體喜歡天才單打獨鬥的故事勝過複雜的現實因素，直到今天依然如此。在偉人們堅持不懈、埋頭苦幹的時候，替他們「留一盞燈」的凡夫俗子，並沒有被寫進科技發展的聖徒傳記裡。[4]

以燈泡等多項發明而廣為人知的愛迪生，就是一個很好的例子。他並不是獨自一人在他位於門洛公園市的實驗室裡刻苦打拼。事實上，他雇用了好幾十名助手來協助他操作機械、執行實驗、研究專利權、繪製設計圖與整理筆記。此外，他還有一群負責打理住家及宿舍的愛爾蘭裔和非裔美籍僕人。門洛公園市也有一棟勞工公寓，由屋主莎拉・喬丹（Sarah Jordan）以及女侍凱特・威廉斯（Kate Williams）負責為工程師們料理三餐、準備乾淨舒適的房間。不過，在愛迪生手持燈泡的經典照片中，你看不見上述任何一個背景人物的存在。[5]

諷刺的是，人們對發明家的個人崇拜達到顛峰時，資本主義已成為時代的主要推手。二十世紀初，大型企業諸如杜邦科技、通用汽車、美國電話與電報公司紛紛成立了研發實驗室，聘請大批工程師及科學家來處理技術問題及開發新產品。如此一來，企業就不再受制於個別的發明家，更可以省去高額的專利權費用。這等於是把發明過程搬進公司，而且管控上也更加容易。企業的行銷部門每年都會推出新型錄、製作廣告、影片並參加車展，竭盡所能地向大眾展示新奇的商品。舉例來說，奇異公司在一九三三年舉行的芝加哥世界博覽會設立了魔法屋（House of Magic），用來展示尖端的家電產品。

這些公司還會舉辦盛大的活動來呈現幸福的畫面和美好的未來。通用汽車在一九五六年推出的「工業音樂劇」《為夢想而設計》（Design for Dreaming）就是一個絕佳的範例。這部影片描繪了消費者的夢想樂園，當中有無數台極富未來感的轎車、多得數不清的精品時裝，還有全自動的未來廚房「富及第」（Frigidaire）。「新娘子不必再忙進忙出，」影片旁白如此說道：

「只要按下按鈕，就能變出一桌好菜。」到了影片的尾聲，有一輛具備自動駕駛功能的豪華汽車載著主角夫妻回到城郊的住處，一路上兩人齊聲唱和：「到了明天、到了明天，夢想將成真。攜手一起、攜手一起，創造新世界。」

早在十九世紀中葉，技術革新與社會進步的概念便緊密地串連在一起。這是很合理的。在那段歲月，幸虧醫學有所進展，嬰兒的死亡率才降低，人的壽命得以延長，抑制疼痛的方法也更有效。到後來，物質享受（creature comforts）不斷提升，電燈、空調、軟式合成床墊、電視機發明後，生活就變得更加舒適了。

儘管人類要承受的苦難大幅減少，我們還是要認清，現代化帶來的益處從來不曾平等地被分配，今日世上還是有些地方非常落後。而對於這些好處習以為常的人們，也得為此付出代價。美國人因此習慣久坐不動、變得肥胖，而且容易罹患糖尿病。不少人也觀察到，現今的勞動環境令人痛苦，特別是官僚化又充滿監控措施的辦公室。再說，過去兩百年來，社會上一些最為顯著的進步——例如廢除奴隸制度、婦女和少數族群獲得投票權——都和技術革新沒有太大關係。

人們很容易忽略技術進步與社會進步之間的差異，並將兩者視為同一物。一九五九年，美國國家展覽會（American National Exhibition）在莫斯科的索科爾尼基公園（Sokolniki

Park）揭開序幕。這場展覽主要是為了促成文化交流，以減少美蘇兩國的隔閡，此外，美國也要藉此宣傳資本主義的優越性。展場裡擺滿了令消費者嘖嘖稱奇的商品，像是彩色電視機與造型炫目的家電，以象徵美國一般工人能負擔得起的家居生活。

一九五九年七月二十四日，當時的美國副總統尼克森帶領蘇聯最高領導人赫魯雪夫參觀這場展覽。兩人在過程中展開了一連串激烈對話，當中有一部分是發生在樣品屋的廚房裡，隨後便被媒體稱為「廚房辯論」（Kitchen Debate）。赫魯雪夫以反辯的語氣質問，美國在歷經三百年歷史之後，最擅長的該不會就是製造這些討好消費者的玩意兒。他（相當離譜地）預測，當時成立大約三十七年的蘇聯，將在七年之內超越美國的發展水平。儘管尼克森和赫魯雪夫的看法有所分歧，但兩人都認為，多樣的科技產品可用來判斷一個國家的經濟體系是否優越。

當「進步」變成「創新」

創新一詞在二戰後才突然開始流行，這是由許多因素造成的，而經濟學這門沉悶科學（dismal science）的幾位領頭羊，在這當中扮演了關鍵性的角色。

在一九五〇年代末期，美國的經濟學家面臨了一個難解之謎。[6]就傳統而言，經濟學家是利用資本額及勞動力的變化來說明經濟成長的幅度，但是光憑這些因素卻不足以解釋戰後美國經濟的豐裕。在發表於一九五七年的文章中，經濟學家羅伯特・索洛（Robert Solow）假設，技術革新以及新工具的引進使得工人更具生產力，進而改善了人民的生活水準。據索洛估計，在一九〇〇年到一九四〇年間，美國勞工每人每小時的生產量成長了一倍，索洛的一名同儕也計算出，此增幅大約有百分之九十是來自技術改良。不出十年，技術進步帶動了經濟成長，這個看法便成為世人普遍接受的主流觀點，學術界也開啟了一連串的研究。直到今天為止，索洛的文章已經被引用達一萬七千次以上。[7]

如果索洛是對的，技術革新——或是愈來愈多人所說的「創新」——確實是經濟成長與企業發展的關鍵，那麼這個觀念就應該傳承下去。就在經濟學家、企業領導人、政策制定者及各行各業人士的推動下，「技術創新」（technological innovation）一詞很快便在六〇年代風行起來。政府機關，例如美國商務部及國家科學基金會，都舉辦了相關的大型會議。舉例來說，商務部在一九六七年發表了〈技術創新之環境與管理〉（Technological Innovation: Its Environment and Management）報告書，其共同作者是以美國聯合碳化物電子公司總裁羅伯特・查皮（Robert Charpie）為首的三十名商業界、學術界及政府單位的重要人士。他們把「發明與創新」奉為美國進步的核心（也援引了索洛一九五七年的文章），並歸結出十幾條建議來推動相關發展。只不過，他們提出的建議很籠統，例如「培養具有創新與企業家精神的人才」。[8]

從許多方面來看，六〇年代的報告內容和今日的創新論並沒有什麼區別。舉例來說，當時教育改革家提出的論點與肯．羅賓森爵士（Sir Ken Robinson）於二〇〇六年的演講「學校扼殺了創造力？」（Do Schools Kill Creativity?）有異曲同工之妙；而那部影片在YouTube上的觀看次數已超過了兩千萬。「理工學院如果只是傳授資訊，就等於是在浪費教育資源。」《創新教育》（*Education for Innovation*）期刊的編輯如此寫道。[9]他主張：「學校應該帶給學生創意性的體驗，刺激他們的想像力，並幫助學生做好準備，在不完美的世界加入競爭。」他沒有舉證哪一所理工學院「只是傳授資訊」，卻堅稱：「有創意的人才受到打壓，而在那樣的體系中，不存在真正的發明與創新。」[10]我們會慢慢了解到，製造虛假的危機是創新論者共通的毛病。

不同於今日，六〇年代的創新報告樂觀多了。那時的美國經濟蓬勃發展、幸福到了極點。美國國家科學基金會董事利蘭．霍沃斯（Leland Haworth）在一九六六年舉辦的會議中告訴與會者：「我們很清楚美國的產業優勢在哪。因為我們從過去幾世紀的不幸中學到，面對人口增長，技術進步的速度必須加快，否則會有更多人過著低於理想標準的生活。」[11]這番話呼應了尼克森的「廚房辯論」，彷彿只有美國人才想得出創新的好點子，其他人都沒有。

然而，這股璀璨的光輝很快就失去了光彩。約略是從一九七三年開始，美國及其他許多富裕國家的經濟狀況逐漸走下坡。因素很多，經濟學家至今也仍在爭辯。「石油輸出國組織」（OPEC）在一九七三年祭出石油禁運令後原油價格接連上漲，還有其他事件加重了生產及消費的負擔。許多金融詐騙跟舞弊事件引發了銀行倒閉潮。經濟學家搔破了頭也想不出來，在經濟成長遲滯的情況下，通貨膨脹竟然愈演愈烈，這樣罕見的現象為什麼會發生？

經濟停滯只是美國在七〇年代國力衰退的其中一環。這個國家的靈魂被越戰給撕裂了，漫天飛舞的霧霾和滿地散落的垃圾覆蓋了各個城市。拉爾夫·納德（Ralph Nader）及其他社會運動人士揭露了戰後經濟成長下的企業醜聞。金恩博士與司法部長羅伯特·甘迺迪接連被暗殺後，民權運動的進展似乎漸漸止步。而憑著廚房辯論，一度成為戰後美國資本主義代表人物的尼克森，在水門案爆發後也變成象徵美國衰微的指標人物。

在這段動盪的歲月，「進步」（progress）一詞越來越少人使用，取而代之的是「創新」。它成為改變的完美標竿，美國社會也不用承受改革的陣痛期。一如歷史學家吉兒·萊波爾（Jill Lepore）所言：「以創新來取代進步，就能巧妙迴避『新奇的東西是否管用』這樣的問題。事實上，這個世界沒有變得愈來愈好，但使用的東西卻愈來愈新。」[12] 然而，進步總是含有社會改革的意味，從一八九〇年代開始的進步時代（Progressive Era）到一九七〇年代，進步就是透過體制與政策來改善人民的處境。相較之下，創新的擁護者彷彿認為，只要催生技術革新和新興產業，社會所需的資源就會自然出現。

所以說，既然七〇年代的美國社會沒有辦法實現進步的理想，也就是普遍的自由與正義，那也許還能用科技來證明這國家有多偉大。這種說法對於某些圈子的人來說十分合理，也是今日多項政策背後的核心精神，所以蘋果及亞馬遜等獲利豐碩的企業不用繳太多稅。但是，經濟學家、社會學家、歷史學家卻發現這套做法行不通。他們注意到，在一九九〇年代中期，多項技術快速革新，但經濟不平等的情況確有增無減，並不是每個人都能享有創新所帶來的富庶。[13]

況且，九〇年代的科技革新是否真的算突飛猛進，當時也有人提出了不同看法。在二〇一六年出版的《美國成長之興衰起落》（*The Rise and Fall of American Growth*）中，經濟學家羅伯特．高登（Robert J. Gorden）主張，自七〇年代開始，科技改良的碩果主要集中在電腦、行動電話及其他數位平台的發展，而且大多用於休閒娛樂產業。這些設備深深擄獲了大眾的心，但是高登認為，它們不足以跟一八七〇年到一九七〇年的技術發展相提並論，後者包括電力系統、都市衛生設備（淨水及排水系統）、藥品及化學物質（塑膠製品）、現代化建材（混凝土與鋼鐵）、交通運輸（汽車和飛機），以及電腦、電子儀器和通訊系統。也有其他經濟學家主張，現在的新創公司只是在運用一九七〇年代前發明的技術來製造商品，而不是在發展全新的科技。

高登的論點激起了正反面的辯論，也有人開始強調數位科技對經濟生產力的貢獻。何者的看法才正確，至到今天尚無定論，但是這樣的討論無疑將會持續下去。重點在於，到了七〇年代晚期，經濟學家和政府官員都非常擔心生產力的問題，並影響到我們談論創新的態度。

在戰後數十年間，隨著這些動能的累積，創新思想的宣導者找到了能實現夢想的地方，還不受其他負面的社會及經濟趨勢所影響。這個地方就叫做矽谷，而在它不同凡響的發展史中，充滿了不少跟技術革新、造神及宣傳炒作有關的案例。

創新是一門好生意

帶領矽谷崛起的關鍵人物就是弗雷德里克·特曼（Frederick Terman）。他曾於一九四四年至五八年擔任史丹佛大學工程學院院長、並於一九五五年至一九六五年擔任該校的教務長。他重新定義了史丹佛大學的特色，尤其是軍事領域的研究。他與國防單位簽訂合約，並以此取得資金來招募電子業相關的師資。特曼也鼓勵教職員去私人產業擔任顧問，或成立自己的公司。他在軍事、企業與大學間促成知識、人員及技術的流動，因此贏得了矽谷之父的美譽。

這套做法非常成功，新創公司以及新科技也跟著在全球遍地開花，例如：英特爾推出了功能強大、價格實惠的微處理器、史丹佛的電腦專家設立了網際網路的基礎協定、蘋果公司推出了易於使用的電腦多媒體裝置、谷歌和臉書打造了可用來分享文字訊息、音樂及影像的平台。這些技術綜合起來，就連太空人都能透過掌上型裝置觀看直播影片。如今，我們才剛開始要認識這些矽谷新科技的遠大影響。

人們推崇矽谷一帶為成功的園區，那裡首屈一指的公司也備受世人崇敬。蘋果、谷歌及臉書皆打造出蒼翠茂盛的園區，設立寬敞的開放式工作空間，再以懶骨頭沙發和乒乓球桌做為其中的點綴。對這些企業來說，獲利數十億美元乃是常態。矽谷的意識形態不只是一種商業策略，更是一套完整的文化。相較於早期層級分明的大公司與組織員工，矽谷文化更加時尚、友善、更能接受新思想。輕鬆休閒的T恤、牛仔褲以及帽T，就是最好看的制服。

矽谷這塊地方創造了財富與令人眼花繚亂的科技——這項事實政客絕不會遺忘。於是，世界各地的人們開始渴望同樣的奇蹟降臨：紐約市有矽巷（Silicon Alley）、美國中西部有矽原（Silicon Prairie），印度也有一個矽谷（即邦加羅爾）、聖地牙哥有智谷（Chilecon Valley），在台拉維夫則有所謂的「中東矽谷」(Silicon Wadi)。[14]這些城市都想要炮製特曼致勝的策略，即串連大學、投資人和企業家來創造共榮的環境。

雖然矽谷的創新論不見得能愈陳愈香，但當中的突破性概念，如破壞性創新、黑客松、天使投資人、思想領袖、內部創業家、體力激盪(bodystorming)、科技聚會、遊戲化、大數據、AI、變革推動者、創意發想、新創公司、育成中心、同理心、設計思考、跳脫傳統思維框架以及獨角獸公司等等，到最後也淪為令人生厭的陳腔濫調。儘管如此，在矽谷的神祕魅力下，創新論的信條還是散播到了當今社會的各個層面，各種公司也爭先恐後地仿效新創公司的做法。放眼美國和世界各地，學校購入iPad、醫療保險公司推出應用程式、博物館和圖書館也在搞創新、政府單位把公共服務遊戲化、民選官員則是在推特上發文發個不停。全球的組織機構，哪怕像是奇異這種老派又嚴謹的企業，都想沾一沾矽谷新創公司的光，結果當然是幾家歡樂幾家愁。

創新演變成為整個社會的當務之急，社會上也開始出現創新專家，如歷史學家馬特・維斯尼奧斯基(Matt Wisnioski)。這些新登場的人物通常是顧問，負責提供見解和計畫來幫助個人、組織、城市、乃至整個國家提升創新力。而所謂的「提供」，其實就是銷售他的服務：假如你想得出一套誘人的創新理論，就能賺大錢。

在哈佛商學院長期任教的已故教授克雷頓・克里斯汀生（Clayton Christensen）就是箇中翹楚。克里斯汀生在一九九七年出版的《創新的兩難》（*The Innovator's Dilemma*）以及一系列的後續著作中，清楚闡明了「破壞性創新」的概念；顛覆既有的市場、公司或產品，就能創造新科技或新商業模式。克里斯汀生的構想宛如特效藥一般一炮而紅。一時之間，在全球各地煙霧繚繞的會議室裡，高級主管嘴裡叼著香菸，開始幻想自己變成下一個破壞者，準備開發殺手級應用程式，或擔心自己會被某家名不見經傳的新創公司給擠下擂台。

真的很害怕被市場淘汰的人，可以聘請克里斯汀生創辦的Innosight顧問公司來指點迷津，以辨識出所有可能的潛在風險。而且，克里斯汀生並非唯一一個提倡這種想法（或以此獲利）的人。舉例來說，領英（LinkedIn）創辦人里德・霍夫曼（Reid Hoffman）在〈創業精神十大守則〉（Top 10 Rules of Entrepreneurship）中，將「偵測破壞性變化」列為他的第一條守則。其他像是奇異公司旗下部門——GE Reports這樣的宣傳平台，也曾經發表過〈如何創造破壞性創新〉（How to Create Disruptive Innovation）這樣的文章。諸如此類的行話蔚為流行，隨後又透過商業雜誌和Ted Talk演講一點一滴地滲透進入大眾的思想。

不過，自從破壞性創新的概念問世以來，許多研究者和觀察家皆曾對這種概念表示懷疑。舉例來說，《創新的兩難》有一項核心的案例是談及八〇年代「顛覆」硬碟機產業的新興公司，但是，到了二〇一四年仍然屹立不搖的其實是那些「在八〇年代坐穩市場龍頭寶座」的公司，萊波爾在《紐約客》雜誌中指出。[15]「更長遠地來看，」她總結道：「硬碟機產業的勝利似乎是屬於那批擅長於逐步改良的製造商，而不見得是率先顛覆市場的那群人。」

即使克里斯汀生與矽谷的思想領袖都鼓勵公司以破壞為目標，實際上卻沒有任何證據可以顯示這樣就能創造新產品或新商業模式，或是可以顛覆現有的技術或產業。顛覆不是透過努力或規劃就能成就的事。舉例來說，不論是當初設立網路基礎協定的國防部工程師，還是發明全球資訊網路（World Wide Web）的柏納茲—李（Tim Berners-Lee），都沒有料想到這些發明會撼動整個產業鏈，從新聞業、家庭娛樂、零售業再到旅遊業。然而，他們就是做到了。他們經由「逐步改良」所做出的發明，產生了深遠而意想不到的影響。創新靠的不是宏偉的策略，而是藉由一小步、一小步的前進來達成的。

另一個炙手可熱、卻經不起考驗的概念是都市規劃師理查．佛羅里達（Richard Florida）所提倡的「創意階級」。在《創意新貴：啟動新新經濟的菁英勢力》（*The Rise of the Creative Class*）及其後續著作中，佛羅里達借鏡電影《夢幻成真》（*Field of Dreams*）的著名台詞「球場蓋了，球迷就會來」來推動公共建設，只是訴求對象換成文青。佛羅里達主張，「創意階級」的出現，包括「科學家、工程師、大學教授、詩人、小說家、藝術家、表演者、演員、設計師以及建築師」，構成了投資與經濟成長的良性循環。[16]為了善加利用他們的長才，城市必須培養特殊的吸引力，如酷炫的酒吧、藝廊、高級咖啡廳、單車共享服務等等。要是政府機關不曉得該從何著手，可以聘請佛羅里達開設的創意階級集團（Creative Class Group）來幫忙；他們自稱是「由頂尖的研究人員、溝通專家與商業顧問所組成的菁英顧問公司」。

佛羅里達的論點並沒有獲得研究的支持。[17]譬如說，佛羅里達聲稱，創意人士移居後，才帶動了城市成長，但許多研究的結論卻恰恰顛倒：移居城市是因為在都會區比較好找工作。令人哀傷的現實是，有很多城市嘗試採納佛羅里達所提出的點子，卻發現這麼做根本是徒勞。一如新聞記者法蘭克・伯斯（Frank Bures）所說：「在蕭條的鐵鏽地帶，很多倒楣的地方政府砸了幾百萬美金去蓋咖啡館、自行車道和共享辦公室，盼的就是恢復戰後工業昌盛的榮景。他們對佛羅里達的理論信以為真，但諸如揚斯敦（Youngstown）、克里夫蘭和德盧斯（Duluth）等城市景氣卻未曾真的復甦。」

那麼，到底有誰能稱得上是「專家」呢？社會學家史蒂芬・特納（Stephen Turner）主張，我們應該以實力與實證為標準。舉例來說，物理學家的專業意見是可靠的，因為這些知識足以用來打造橋樑和火箭。可是，在這個星球上，沒有人明確知道如何在各方面推動創新，要是有人聲稱他可以，那多半是想要賣你東西。

不過，就本書的宗旨而言，關於《創意新貴》還有另一個面向值得探討。除了強調城市應盡全力確保創新工作者過得舒適、幸福與開心，佛羅里達還詆毀了「服務階級」，也就是從事非創新性職業，如餐飲業、飯店業以及護理人員。他寫到：「有很多服務業的人找不到出路，一輩子只能做卑微的工作。為了生存而勞累拚命，只能眼巴巴看著旁人吃香喝辣」。[18]

佛羅里達的創意階級論對維持世界運作的平凡人有幫助嗎？答案是沒有，搞不好還會造成傷害。城市變得愈來愈不平等，而創意階級論所提倡的縉紳化（gentrification），很可能會導致貧富差距更加擴大。二〇一七年，佛羅里達出版了《新城市危機：不平等與正在消失的中產階級》（*The New Urban Crisis: How Our Cities Are Increasing Inequality, Deepening Segregation, and Failing the Middle Class-and What We Can Do about It*）一書。很多人視這本書為他的懺悔之作。[19]但他近幾年的著作卻更變本加厲強調創意階級論。

另一個近來受到仔細檢視的創新概念叫做「設計思考」。回溯到六〇年代，它一開始是設計領域的思考流程，但在今天會大受歡迎，與傳奇性的設計公司ＩＤＥＯ有關，後者的代表作是八〇年代蘋果電腦的第一款滑鼠。ＩＤＥＯ創辦人大衛·凱利（David Kelley）主張，「同理心」是做出好設計的必備心態，其定義是，「透過別人的雙眼去理解對方的經歷，以及看穿他人行為背後的原因」。[20]很多人認為，凱利的觀念對於工業設計產生了重要的影響，否則有段時間消費者被遺忘了，製造商只顧著大量生產笨重、不好用又沒人喜歡的廢物。

凱利和其他人把設計思考設計成一套系統性的課程，用來教導「同理心」等基本技能。凱利有知名度也有影響力，而設計思考固然也有些強項和優點。在大學教設計的同事告訴我們，設計思考的基本要點對學生挺有益的。

但是，這套方法很快就被過度炒作，被吹捧為解決各種問題的萬用工具。這樣的變化源自於IDEO的改變。傳播界學者莉莉．伊拉尼（Lilly Irani）指出，二十一世紀第一個十年才走到一半，IDEO就面臨中國製造商與設計公司的競爭壓力，「無法再以工程領域的專案來收取高額報酬」。[21]按照伊拉尼的說法，這家公司於是決定，「不再強調設計的重要性」，反將重心轉移到諮詢服務上，意圖仿效麥肯錫等老牌公司的做法。漸漸地，IDEO把設計思考當成了它的主力商品，一開始是運用在商業諮詢與企業教育上，後來就把它塑造成賣給普羅大眾的教育產品。伊拉尼前去參訪IDEO的廠房時，有一名員工這麼說：「公司改變了經營策略，機械的成分變少了，詭異的成分變多了。」這是因為公司要將設計思考變成無所不能的神奇能力。

就是在這個時期，凱利向一個有錢的粉絲兼客戶提到，他想要「為設計思考打造一個家」，向來自各種背景的人傳授這套方法。[22]後來，有人捐了三千五百萬美元，在史丹佛大學成立了哈索・普拉特納設計學院（Hasso Plattner Institute of Design）——又叫做史丹佛設計學院（d. school）。史丹佛開始舉辦為期四天、名為「從洞察到創新」（From Insights to Innovation）的設計思考訓練營，學費每人一萬五千美元。要不然，想上課的人也可以付給IDEO三百九十九美金，購買教學影片「創新洞察力」（Insights for Innovation），即可按照自己的步調自主學習。這兩套課程的名稱也未免太相似了吧——請放心，不是只有你這麼想。史丹佛設計學院與IDEO的界線總是這麼曖昧不明。

不過，設計思考被當成萬靈丹後，它的影響力就愈趨淡化，限制也愈形顯著。五角（Pentagram）設計公司的合夥人任黛珊（Natasha Jen）在一支爆紅的演講影片〈設計思考是場鬼扯蛋〉（Design Thinking Is Bullshit）中接二連三地舉例說明，透過設計思考完成的作品，其實用其他方法——包括常識——也做得到。演講中，她展示了一張「兒童用MRI掃描儀」的照片，其特點在於，設計師在牆上繪製了卡通圖案來安撫小孩。接著，她介紹了歐蕾及IBM用設計思考做出來的文宣與網頁。這些成品看起來都像是隨便抓一個員工做出來的，根本沒有什麼新奇之處。就任黛珊看來：「設計思考是美化、簡化設計師的工作方式，以販售給門外漢……並且號稱任何人都可以用它來解決問題。」[23]這項產品適合銷售的對象，是那些亟欲成為創新者、又不想接受多年正統與專業訓練的個人及公司行號。

在克里斯汀生、佛羅里達與設計思考的鬼話連篇中，我們發現了幾個重要的共通點，其中最重要的是，他們都把重心擺在顧問服務上。這個偌大的市場充斥著願意花大錢、渴望成為創新者的個人與團體。創新專家則受惠於根深蒂固的人性弱點，也就是哲學家維根斯坦所說的「對一般性原則的渴望」(the craving for generality)。當然，通則對於生存來說很重要，要是不曉得「鮮豔的蕈菇有劇毒」之類的道理，你是活不了多久的。但是，維根斯坦要強調的是，當我們無法以簡單的話語分析複雜的世界時，就會渴望尋求普遍性。但只要我們仔細思考各式各樣的創新發明、想法或其他新事物，就會發現它們的發明過程以及傳播方式各不相同，彼此間少有共同的模式。

回過頭去看科技與商業的發展史，值得注意的是，許多成功的範例跟設計思考完全擦不上邊。亨利．福特曾語出驚人地表示：「顧客喜歡塗什麼顏色都可以，反正我們的車子是黑色的。」他既不愛護、也不尊敬自己的客戶，可是自家的產品卻相當出色。賈伯斯則是認為，消費者不知道自己想要的是什麼，所以必須要由天才(比如賈伯斯)來提供建議。再說，很多重要的創新都是在創造需求，而不是回應既存的需求。電力在一九〇〇年左右進入大眾市場，很多屋主並不認為有這個需求，還得經過一番勸說才願意買單。絕大多數的創新及其後續的發展都是無法預期的，沒有辦法計畫、構思，或是以其作為原型來研發其他東西。在九〇年代初期致力於推動網路商業化的人，沒有人預料得到將來有一天會出現迷因文化或是網路名人。

綜觀以上所有例子，我們很容易就能看出，創新沒有前例可循。不過，就如一位朋友告訴我們的：「話是這麼說，但你還是可以販賣入門手冊啊。」要是像設計思考這樣的入門指南真的可以「在任何領域創造出可靠的創新成果」，這個世界早就變得更純粹、更簡單也更好管理了。[24]

我們並不反對真正的創新。事實上，我們兩個人還曾發表文章去談論應該如何改善美國的創新政策。但重點在於，我們不應該相信世上真有人能可以提高創新速率與品質，也應該對這些人的說法存疑。已故經濟學家內森・羅森伯格（Nathan Rosenberg）以及對創新議題寫過深度報導的人都強調，漸進式的變化與長久的持續改善才是王道。的確，過去三百年，大規模的變革與創新發明都是這樣產生的。根據漸進主義者的看法，關於創新最好的建議是：「當心、留神，然後做好你該做的事。」這種建議沒辦法替大學院校吸引到數百萬美元的捐款，也沒辦法讓我們這兩位可愛的作者開設顧問公司、變得超級有錢。但是我們相信，這樣才能誠實說明技術革新的具體源頭與發展。

講完了創新論之後，我們接下來要以一種更加微妙且「不同的」（不一定是新的）思考方式來探討科技。想要有所突破，還必須參考歷久不衰的思想與觀念。因此，下一步要做的事情就是要把「創新」和「科技」區分開來，並且仔細地想一想，我們原先想要利用科技獲得什麼。

第三章

維護的發展史

我們來做個思想實驗，步驟有三。

第一個步驟：花點時間環顧四周，把你看到的東西大致記在心裡，尤其是科技產品，並分出哪些是新的、哪些是舊的？

在室內的話，首先是牆壁，由鋼筋、水泥、木材、螺絲、釘子和油漆層層疊疊組合而成。然後是家具、電燈、窗戶、地毯、洗手台和廁所。地毯可以算其中較新的科技，因為它們通常是以合成材料製成的，包括三〇年代發明的尼龍及五〇年代發明的聚丙烯。LED燈泡是另一項較新科技，它發明於六〇年代，在過去十年被引進了大眾市場。當然，最新科技都是數位產品：電視、電腦，亞馬遜Echo或谷歌Home等智慧音箱。

第二個步驟：當中有哪些科技是維持幸福不可或缺的，哪些則是少了也無所謂呢？假如說，有某樣東西必須要從你家消失：亞馬遜Echo或鋼筋混凝土，你會選擇哪一樣？又如果說，有某樣東西必須從你家附近的小學消失：玻璃窗或iPad，你會選擇哪一樣？

第三個步驟：回想你在過去二十四小時到四十八小時內使用過的科技：哪些是舊的、哪些又是新的？除此了數位裝置外，還有哪些東西呢？你會把汽車、腳踏車、公車或火車當成科技產品嗎？家電、肥皂、天然氣管線、電力系統及供水系統算嗎？

這場思想實驗是希望讓你意識到，每天的生活中有多少你習以為常的科技。它們重要性往往被忽略，完全比不上現代人對創新的執迷。而且，許多人都不願意將資源分給不起眼的科技與市井小民，雖然它們是維持世界運作的要素。所以我們必須讓讀者更加了解科技在生活中的真正角色，才能解決更深層的問題。

在這一章，我們會再次為你介紹維護的概念，並著重說明為何它如此絕對必要，又經常遭人忽視。這是很殘酷、也很諷刺的事實；科技若要充分發揮其優勢、廣度及深度，維護正是最關鍵的環節。請再次回想你賴以維生的科技，然後試著想想看不維護會有什麼後果；屋子變暗、馬桶堵塞、窗戶出現裂縫、車子發動不起來，就連橋樑也會倒塌。

秩序很重要，而維護便是一場對抗混亂與無序的永恆之戰。根據熱力學第二定律，隨著時間過去，就算沒有外力介入，任何系統都會失序而出現隨機性。除了一部分「執迷於創新和發明家」的歷史故事外，人類大部分的時間都在追求穩定性，包括社會該如何調配勞動力，以維持大規模的公共系統。

若輕視維護的重要性，社會必將嚐到苦果。因此，我們必須重新從廣義的角度來思考科技。我們會先來思考幾個在日常活動和對話當中常見的名詞，就先從彷彿在一夕之間爆紅的tech開始講起吧。

科技不只有數位和網路設備

tech這個字眼如今隨處可見。報章雜誌每天都在預測「科技巨擘」（Big Tech）的未來；股票分析師解說「科技股」（tech stock）的命運；《紐約時報》也設有「科技工坊」（Tech Fix）專欄，專門報導Uber、谷歌及社群媒體圈的新聞。[1] tech泛指以網路為基礎的數位設備、服務和應用程式，例如谷歌、臉書、微軟、蘋果及亞馬遜，即是靠著廣告、便利性及使用者成癮的現象來獲利。

但是，用這個字來取代「科技」一詞會讓人產生誤解。因為前者的定義太狹隘了。科技的意義更深遠、也更廣闊，它涵蓋了人類文明所創造出來的每一種物質與技術，也包括非數位科技在內，譬如楦枝、人行道和輪椅。將「科技」窄化為「令人上癮的數位設備及其應用程式」，無異於摒棄人類數千年來的創造力和努力，把注意力和資源聚焦在特定的生活經驗和領域。

如同所有偉大的觀念，科技的定義也會隨著時間和主流文化而有所改變。在三〇年代以前，英美人士很少用到科技一詞，「實用藝術」（useful art）、「應用科學」（applied science）、「機械」（machines）、「製造業」（manufacturing）是比較流行的說法。不過有個例外是，在十九世紀中期，有一小群新成立的美國大學將科技納入了校名，比如麻省理工學院（Massachusetts Institute of Technology）和史蒂文斯理工學院（Stevens Institute of Technology）。但人們都很了解，這幾所學校的教育使命，就是訓練機械師及工程師。

在十九世紀晚期和二十世紀初期，受過大學教育的工程師聯合起來組成了職業團體，以提高他們在大學及企業內部的地位。他們的聲勢看漲，也開始系統性地貶低工匠與其他工人於機械時代（Machine Age）的勞力貢獻，包括女性、外來移民、非裔美國人以及無法受教育的窮人。到了三〇年代，科技一詞成為了進步與物產豐厚的代名詞，正如芝加哥世界博覽會（一九三三年）與紐約世界博覽會（一九三九年）的願景。它也象徵著中產階級與上流社會白人男性的輝煌成就。[2]

從這個新觀點來看，科技是推動歷史前進的驅動力。抗拒科技毫無意義，應該聰明點學著全盤接受。有些批評者擔心人性終將臣服於科技。德國哲學家海德格在一九五四年發表的

〈關於技術的追問〉（The Question Concerning Technology），至今依然是在探討科技倫理的重要文本。但這些人充其量也只是少數。美國人在戰後的消費生活中充分體驗到，科技是勢不可擋的進步動力，而企業與大學也順勢以此滿足自己的需求，因為它們的商業模式都仰賴於公眾的默許。

「科技永遠代表進步的力量」，這股想法在經歷七〇年代的環保意識覺醒後，依然沒有被抹滅。受到七〇到九〇年代新的電子設備、網路以及軟體的啟發，專家們創造出了一些新的術語，如「資訊高速公路」（information superhighway）、「網路空間」（cyberspace）、「電腦通訊」（compunications），以用來描述世界的發展趨勢。他們相信，資訊時代已經來臨了。但是，這些新詞彙卻沒有一個能貼切描述這個奇妙新世界的特徵，當中包括網路、行動電話以及各種應用程式。資訊與通訊技術（information and communication technologies，簡稱ＩＣＴ）從來不曾成為時下流行語。然而，依賴網路的數位電子產品變得太普遍有有吸引力，公司企業、新聞記者乃至每個人最後都不假思索地從眾流俗，把它們一概稱為科技產品。

這種墮落的現象令我們感到憂心，因為它體現了創新論最糟糕的部分——短視近利，只把焦點擺在新科技和數位科技，還一併排除及貶低了科技對人類社會更重要的意義。科技不只是新科技和數位科技，也不只是創新的過程。

為了更有益地探討科技，先來思考一種簡單的定義：科技就是人類為了達成某些目的而製造的輔助物品。這些東西包括工具、餐具、建築物、衣物、馬路與人行道，以及用來輸送水源、廢棄物、能源和資訊的管路、幫浦與導線。已故小說家娥蘇拉・勒瑰恩（Ursula K. Le Guin）對科技的定義更簡單：「科技是社會在面對有形現實時採用的手段。」在〈對科技的怒吼〉（A Rant about "Technology"）一文中，她指出：「過去一百五十年來，人類馬不停蹄地擴展超凡的科技與技術，我們因此變得麻木，只要物品不像電腦、噴射轟炸機那麼複雜、炫目，就算不上是科技。」[3]

再次強調兩個要點。第一，科技不等於tech，而且涵蓋範圍也不限於消費形數位設備與其應用程式。第二，科技不是只有創新。我們生活所仰賴的科技是如此普遍，所以幾乎不會去想到它們。它們隱身沒入我們的文化背景，甚至被排除在重要的財務規劃外。然而，我們必須確保這些東西可以持續發揮功用，畢竟家裡停電或水管爆裂都是令人難熬的經驗。

科技不是只有創新。我們每天使用的工具都有前人發明的影子。按照這個邏輯，我們不光是要思考科技為何物，還要理解它的發展週期。

每樣科技都會歷經三個基本的階段：創新、維護與衰微。我們在上一章談過創新，接下來要探討之後的階段。

人類與科技的互動通常不包含創造，而是涉及到使用與維護。我們花很多時間打掃房屋、修理交通工具與補充燃料、更新電腦軟體及應用程式。在很多情況下，我們也覺得有其他人會替我們完成這些任務。人類製造出愈來愈多的新東西，要維護的物品也愈來愈多。這些設備的品質若衰退，社會也會跟著衰退。當然，沒有什麼可以永垂不朽，老朽與衰亡是人類、動物和科技的必經歷程。[4]不過，如果好好照顧的話，很多東西都能長久存續下去。

每個人直覺上都知道維護的重要。從小，我們就學到維護是日常生活中的重要元素。洗澡、刷牙、運動、吃東西、喝水，這些事情可以維持身體健康，保持各種機能良好。

其他例行性或非例行性事務也能確保物質財產的正常運作，例如：用吸塵器吸地板、掃地、除塵、檢查汽車的油量與胎壓、擦拭廚房流理台、餐具與碗盤、刪除電腦與手機裡的舊照片及舊檔案，以及確保走道、露台、排水溝、泄水管等功能一切正常。我們也會透過祈禱、冥想、沉思等減壓活動來保持心智健全與內心平靜。有些活動有多重維護效果，譬如練習瑜珈（維護身體和心靈）或修理重型機車（維護心靈和科技），也能讓人找到暫時喘息的空間。

顯然，維護對於個人的健康至關重要，那麼它對社會的健康有什麼影響呢？有位當代的藝術家提出一項著名挑戰：「革命完成以後的星期一早上，該由誰來撿拾街上的垃圾？」梅爾・尤克雷斯（Mierle Laderman Ukeles）在一九七八年成為紐約環境衛生部（Department of

Sanitation）首位駐館藝術家，當時清潔隊員正在舉行罷工行動，而市政府籌不出錢來保持街道的整潔。她的作品促使紐約客關注了向來被他們視為理所當然的事情。她花時間跟在清潔隊員的身邊，看他們工作、訪問他們，並向他們握手致謝。當年這些激進的舉動是為了提醒社會大眾重視這些勞工的生命與勞動價值。[5]

尤克雷斯的作品闡明了一個基本事實——科技需要維護和照顧。卡蘿・吉利根（Carol Gilligan）、內兒・諾丁斯（Nel Noddings）以及維吉妮亞・赫爾德（Virginia Held）等女性主義學者在其著作中也強調，照顧是社會的基礎，但經常被當成女性的天職與義務。照顧未受到應有的重視，相關工作人員的薪資也過低。事實上，照顧涉及的社會背景與環境非常廣，從家庭關係、人際友誼到官僚體制和實驗室。[6]

不管什麼事情，只要有不對勁的地方，首先就是要去了解我們是否有合理地關照它。紐約新學院的政治哲學家南茜・弗雷澤（Nancy Fraser）指出，資本主義氾濫與全球生態災害之間有個共通點：都是人為疏忽造成的代價，是社會重視個人財富的累積勝過整體利益。這場危機的徵兆顯現在幾個地方：醫療保健系統搖搖欲墜；大眾運輸系統支離破碎，Uber的生意卻蒸蒸日上；塑膠製品成批聚集在大海中。換個方式來說，假如我們更努力地去關照彼此，包括彼此的健康、交通便利性及生活環境，就會奉獻更多心力去實踐各層面的維護工作。

更進一步來說，要是缺少了關心與在意，任何科技文明都將難以留存。

因此，除了實際的健康和福祉，照顧還包含超越理性或實質利益的關心。珍視照顧工作，才能超越自戀的唯物主義文化。然而，對新奇與創新的執迷會蒙蔽我們的雙眼，使我們忽視照顧的重要性。接下來我們會了解到，這些無所不在卻又不受重視的特性，在維護工作的漫長歷史之中也經常浮現。

維修觀念的萌芽

若你去書店或圖書館找跟科技史的書籍，就會發現書架上擺滿了像是愛迪生、特斯拉和貝爾等偉大發明家的傳記，以及飛機、火車和汽車的發明故事。不過，我們現在已經知道，人類大部分的活動重心是使用科技，而非創造科技，但日常生活的物質層面絕大多數無人記載。

接下來，我們想要藉由不同的角度來描繪這些故事，以突顯出維護與照顧的重要性，並更清楚地了解人類的現況。在我們所講述的科技歷史當中，你會發現有兩個主題一再重複出現：維護和照顧。

從人類創造科技以來，包括衣著、武器到織籃等物品，都需要透過檢查及保養才能用得久。舉例來說，考古學家挖掘出來的衣物時常帶有修補過的痕跡。某些宗教或社會規範也會納入維護與維修事項。比方說，猶太人的經書和律法之中就有概述維護聖物及聖典的例行步驟。

文化期待——包括對於整潔、秩序與職責的要求——會大大影響我們所選擇執行的維護工作。史學家帕梅拉．朗（Pamela O. Long）發現，十五至十六世紀的羅馬街頭遍地都是垃圾和人畜排泄物。「從現代的觀點來看，他們超噁心的。」朗如此說道。她檢視了前後兩百年的歷史資料，發現「教皇講了一篇又一篇的廢話，祭出一則又一則的條例」要大家維護道路整潔。「但要落實這件事情卻非常困難，因為當時並沒有設立相應的制度或官僚體系去負責。」在當時，馬路是由所謂的街道管理者（masters of streets），也就是擔任政府官職的精英市民負責維護的，「但是他們不屬於任何部門，手下也沒有負責收集垃圾、處理汙水並擁有相關器材的專職員工」。

朗總結表示，即使是到了今天，維護作業也不應該被視為理當做得到的小事：「在我看來，它完全不是人們心中所以為的那種理所當然會發生的既定事實。它涵蓋一整套技術系統，而這樣的技術系統在人類歷史上有很長一段時間完全不存在。對很多城市來說，維護是一項艱鉅的挑戰，經歷過無數次的失敗。」

綜觀維護的歷史，有一些影響深遠的趨勢是由於十九世紀中葉出現的兩大變革而形成的，這兩大變革即是：都市化與工業資本主義的興起。

在一八〇〇年，有百分之九十四的美國人是在鄉村地區工作和生活的，大部分的人都靠家庭農場或牧場維生。這個比例到了一八七〇年下降為百分之七十四，到了一九二〇年只剩下一半。[7]如今居住在鄉村地區的美國人口不到百分之二十。那麼，以前的這些農夫都跑到哪裡去了？嗯，想也知道，他們都跑到城市裡去找更好賺、但是勞動量也更加繁重的工作了。

到了十九世紀末期，大型企業開始在全國各地的城市湧現，它們有很多是屬於資本密集型的企業，也就是在開始營運前，已在物資及設備上投入大量資金。鐵路公司、鋼鐵製造業、精煉廠以及其他大量生產的製造業都是如此。而位居於其核心的科技設備，便需要經常進行維護及維修，否則機器就會故障，生產作業就會暫停，工人只能無所事事地發呆，資金也就浪費掉了。

隨著企業開始依賴複雜的科技，新的職位也應運而生：「技師」（mechanic）。在十六世紀時，這個字是指工匠及體力勞動者，在莎士比亞的劇作《科利奧蘭納斯》就出現過。[8]不過到了一八〇〇年，這個詞的用途就變得比較狹隘，專門用來指稱負責操作蒸汽機或水車等設備的技術人員。

到了十九世紀的尾聲，鐵路成為了機械化社會的焦點。確實，鐵路這項基礎建設撐起了美國的商業發展及擴張，善用運輸系統的企業家都因此拓展勢力，譬如范登堡（Cornelius Vanderbilt）、鋼鐵大王卡內基、洛克斐勒、梅隆（Andrew Mellon）、弗里克（Henry Frick）。各大城市如芝加哥、匹茲堡、丹佛與紐約都蓬勃發展。

這些企業大亨知道，他們想賺大錢的話，就得把鐵路打造成美國商業的命脈。他們很快就展開運轉測試，並且規劃相關的維護事宜。鐵路公司雇有數百名職員，並且擁有數量驚人的有形資產：引擎、車廂、鐵軌、路基、各項設備以及建物等。這些資產都需要保養與維修，而百年前的鐵路人員所累積下來的經驗，直到今日依然深具重要性。

鐵路公司的管理高層常常看不起維修部門，但路線主管（roadmaster）卻非常理解鐵路在整個社會的重要性。在路線主管與道路維護協會（Roadmasters' and Maintenance-of-Way Association）的第一屆大會中，有位同仁在聲明中強調：

> 鐵路就是現代商業所依賴的高速公路……世界各地的帝國元首、共和國的首相和總

統及其廣大的追隨者，都將性命託付給了強大的鐵路系統。它推動了世界進步，所以其管理者必須肩負重責大任、使命必達。

在芝加哥和聖路易斯等城市，鐵路帶起了經濟成長與繁榮，但若是缺少了維護人員，這些好事就不可能發生，甚至還會發生可怕的意外事故。舉例來說，一八七九年十二月二十八日，橫跨蘇格蘭泰灣（Firth of Tay）的泰鐵路橋（Tay Bridge）有一段橋體坍塌，墜入了下方一百英尺的水面，導致一節火車墜海，車上乘客七十五人全數罹難。調查後發現，強風是事故發生的主因，但是橋樑的維護也確實有問題。調查人員在報告書中寫道：「大風吹拂導致橋樑斷裂，但橋樑本身的結構與維護情況確實有問題。」

路線主管認為，鐵路公司的行政主管自命清高，也瞧不起維護工作。那是艱苦勞累的苦力活，是鐵路基層工作中最為底層的一項，但這些員工得到的待遇與薪水卻少得可憐，還得被迫加班。舉例來說，一八八九年，喬治亞州韋克羅斯市（Waycross）一家鐵路公司付給新進軌道維護技術員的薪資為一天七十五美分，最高可調升至一天一點五美元，換算成二〇一八年的幣值，相當於是一天十四美金到二十八美金，也就是年收入介於三千六百四十美元到七千兩百八十美元之間。工人如果表現良好、夠幸運的話，就能被升為領班，這樣一天下來就能賺進二點二五美元。在一場會議上，有位路線主管解釋他為何付給這些工人如此微薄的薪水。「他們因此會窮到沒有別的地方可以去？」另一人問道。主管回答道：「正是如此。」此外，因工受傷、導致重殘或失能的話，不但無法獲得賠償，還會遭到解雇。[9]

這份工作是如此艱辛，管理者也很清楚哪些人可以擔任優秀的軌道維護技術員。在十九世紀末期，路線主管都依照族群偏見去挑選聰明又能幹的工人。墨西哥裔、義大利裔和來自東歐國家的工人「一點智商都沒有」，而黑人的處境更是悽慘。在《鋼鐵之軀：約翰・亨利，一位美國傳奇人物不為人知的故事》（*Steel Drivin' Man: John Henry, The Untold Story of a American Legend*）一書中，歷史學家史考特・尼爾森（Scott Reynolds Nelson）認為，〈約翰・亨利〉這首民謠所讚頌的人物，可能是維吉尼亞州一名黑人囚犯，他被迫成為軌道維護技術員。很多這樣的強迫勞動者都在艱困的工作環境下死去。路線主管會提供古柯鹼給工人，以減輕勞苦與麻痺疼痛。「對於這些掌管鐵路的老大來說，毒癮還能成為誘因，避免工人離群而去，」尼爾森寫道：「但是對於黑人的健康來說，那可是恐怖的毒藥。」[10]

維護工作非常重要又遭人忽視，這不但是鐵路運輸業的常態，也發生在二十世紀初期其他的重大產業，包括鋼鐵業、製造業、化工廠以及電力和電話公司。在那個年代，富裕人家經常配有自家專用的電力、電話、有軌電車等設備。許多專家都出書在介紹如何自行架設這些系統，也頗受大眾的青睞。而那些高舉創新價值的歷史學家，卻忽略了這些書中強調的維護與維修事項。

美國工業在二十世紀不斷茁壯發展，家用科技的市場快速膨脹，消費者文化也隨之而起。家電琳琅滿目：電唱機、收音機、電風扇、烤吐司機、冰箱、吸塵器和洗衣機，汽車也漸漸出現在家家戶戶的車道上。不過，製造業所強調的維護與可靠性卻加深了家庭分工的傳統與矛盾。

許多家電的主要功能是為了替屋主節省時間和力氣，尤其是在打理家務和維持整潔方面。更重要的是，企業在推銷吸塵器與洗衣機時，總愛吹噓家庭主婦可因此省點力。但歷史學家露絲・考恩（Ruth Schwartz Cowan）在她的經典著作《母親要做的事情變多了》（*More Work for Mother*）中清楚表明，那些廣告台詞根本是胡扯。新科技確實可以節省體力，尤其是洗衣服，但家務清潔的標準卻也跟著提高，婦女必須負責的家事變多，跟以前一樣，永遠也做不完。

此外，消費者也愈來愈依賴外頭的專家來確保家電運作正常。先撇開危險性極高的電力系統，許多屋主連基本的水管裝修也不會，甚至也沒有耐性去處理。在一八五〇年以前，沒有人聽過「維修人員」（repairman）一詞，到了二十世紀初，這個名詞卻突然變得廣為人知。

維修組織執行過各式各樣的大小任務，不過主要的工作重點始終是為消費者修理家電。走過二十世紀，家電業者開了一家又一家的門市，為消費者的新玩意兒提供服務維修服務，從收音機、電視、電腦到iPhone門市。

修車廠是美國最具代表性的維修保養場所。在早期，當上汽車維修技師是躋身中產階級的敲門磚，畢竟當年只有富人才買得起車。然而，在二十世紀的文化演變中，修理汽車漸漸地淪落為「沒出息的工作」，只有前途不看好的學生才會被鼓勵加入。維修業者的地位也受到了影響，因為消費者對技師懷有敵意，深怕對方拿專業知識來敲竹槓。所以修車廠敲詐顧客的流言與爭議多年來始終不停歇。[11]

因應這些顧慮，汽車製造商嘗試要把車子做得更簡單，以簡化維修程序。在一九一〇年代，汽車時常需要保養及維修，駕駛人多少還得有些相關的知識與技術。不過後來，通用汽車等製造商開始投入鉅額資金，準備打造出更可靠的汽車引擎及其他系統，一來要替消費者省去自行保養的麻煩，二來也是為了提升安全性。其他製造商也跟進，努力簡化自家產品的維護流程。當然例外情況也不少。有位家電維修人員向我們抱怨，雖然消費者都很愛冰箱的製冰機，但這項功能卻經常故障。

為了讓消費者安心，家電公司也推出了保固方案。美泰克（Maytag）公司還推出了一系列搞笑的電視廣告；在影片中，美泰克維修人員（Maytag Repairman）是「城裡最孤單的人」，只能獨自玩著紙牌接龍和填字遊戲，因為美泰克的產品太可靠了，從來沒有人打電話來報修。

以上就是從工業時代傳承下來的維護觀。雖然我們都知道這項任務很重要，但如果沒人提醒的話，我們就不會把它放在心上。

維護專家與電腦系統的崛起

在二十世紀初，出現了兩個重要的概念：延期維護（deferred maintenance）和預防性維護（preventive maintenance）。

隨著鐵路公司及工廠等資本密集型企業日漸茁壯，工程師和會計師得設法記錄機器與有形資產的老化以及退化過程，特別是在缺乏妥善保養的情況下。到了一八九〇年代，一些出版社開始發行折舊計算表，並推出一些極為實用的作品，如尤因・馬西森（Ewing Matheson）的《工廠、礦井及工業化事業的折舊與價值》（*The Depreciation of Factories, Mines and Industrial Undertakings and Their Valuation*）。[12] 在早年，有些機構或政府會成立專款帳戶，以支付既定的維護費用。但是自一九一〇年代以降，延期維護的意思變了，專指尚未完成的維修作業，而且相關單位不但沒有計畫、也不知道要打哪兒去籌錢。

預防性維護的概念是在一九二〇年代到三〇年代間萌芽的。當時人們很不情願地接受了保養的必要性，但認為維護作業應該要經過規劃、井然有序地執行，以避免干擾生產作業。在一九三一年的《工廠、碾磨廠與廠房的維護工程》（*Maintenance Engineering in Plants, Mills, and Factories*）期刊中，有專家投書表示：「以前人們以為維護等同於修理。但現今的製造者認為，修理只是維護的環節之一。」此外，這也包含了系統性地檢查一棟建築物的各個部分。理想的話，這項工作就能防止設備故障、機能失常及其他意外事故，以維持系統穩定運作。不過，這個美好的理想從來沒有實現過。

二次大戰後，預防性維護的概念從私人產業進入了國營企業。為了推動經濟和社會成長，艾森豪總統推動多項大型基礎建設，包括州際高速公路系統。確實，這項基礎建設促進了經濟成長、也改善了人民的生活品質，但是它的維護費用日益增加，地方政府和居民的負擔變得更重。一九五四年，也就是高速公路動工的前兩年，州政府每年的公路維護費用是六億四千八百萬美元，到了一九七四年，這筆費用已經飆漲至每年二十七億美元。這些費用有一部分雖然是源自於通貨膨脹造成的物價飛漲以及其他經濟問題，但有一部分也是由於人們以前不願意計算這項新建設在未來的維護成本。預測金額往往錯得離譜。一九六八年，美國各州公路官員協會（American Association of State Highway Officials）估計，高速公路的維護成本將在一九七七年達到二十五億美元，結果時間只過了一半，一九七三年就到達這個數字。[13]

而政府的因應之道就是延期維護，而設施的可靠性也必然會衰退，整個系統也會劣化，還有可能引發意外事故以及其他公安危機。除了人身傷害之外，也有個人或團體控告州政府及地方政府瀆職。在七〇年代，某一州的政府沒有適時修剪種植在高速公路安全島上的紅花三葉草，導致這些植物長得太高、影響到駕駛人的視線，並在一場可怕的交通事故中導致一名小女孩喪生。法院認為，該州的公路維護部門難辭其咎。之後全美各地都有人發起訴訟，要求相關單位必須為道路及其周邊植被的維護狀態負責。[14]

二十世紀中期，規劃人員與工程師有意找出新方法來防止機器故障和失靈。在「預測性維護」(predictive maintenance) 的觀念下，他們發展出新技術和工具來保持機械的穩定性，進而維持了整個產業界的良好運作。

預測性維護的觀念來自於知名工程師拉斯伯恩（T. C. Rathbone）在一九三九年所寫的論文〈振動耐受度〉(Vibrational Tolerance)。他斷言，當機器因為磨損而導致狀態退化時，其振動幅度會增大。工程師和管理者如果可以測量機器的振動幅度，便有可能在它故障、影響生產作業前先發現問題。拉斯伯恩的見解被包括美軍在內的許多機構所採納，並據此制定出用來評估狀況的表格及工具。[15]

六〇年代，很多公司打造出可以用來偵測故障的電子設備，而監測工作也應運而生。不過，工程師開始使用電腦來進行監測、資料分析與預測後，這個領域才有重大的突破。這類系統最早是由北美第四大鋁製品生產者Alumax在七〇年代晚期設計出來的。Alumax在南卡羅萊納州的霍利山（Mount Holly）建造新的冶煉廠時，有管理人員設計了一套主動式維護系統。他們必須開發自己專用的電腦系統，因為在當時資料庫技術剛起步，可供選擇的軟體並不多。這套系統有許多創新之處，包括全面性的維護管理，並透過線上資料庫，讓所有職員對工廠的執行業務一目了然。實際上，這就是第一部電腦化維護管理系統（computerized maintenance management system，CMMS）。

Alumax系統的提倡者與擁護者是約翰．戴伊（John Day, Jr.），如今他在維護與可靠性的專業領域備受推崇。早在七〇年代，戴伊就堅信電腦可以有效地完成維護與管理工作。他強調，維護不是成本與額外開銷，而是獲利可觀的投資。他也證明了，維護與可靠性可以帶來正面的投資報酬率。多年下來，戴伊發展出一套專屬的「維護哲學」，並詳盡討論了資本支出的管理、成本分析及數據，還有規劃性與緊急性工時、庫存等主題。他對這世界最歷久不衰的貢獻是所謂的六比一原則（6:1 rule），也就是說每執行一項糾正性維護（corrective maintenance），便應配合執行六項預防性維護行動。換個方式來說，每一百元的維護與修理經費，當中至少應有八十四元是用來執行預先規劃好的維護事項。只要遵守這條黃金法則，公司花在緊急性或是反應性（reactive）的維護費用便會大幅降低。

在八〇年代那個瘋狂追求製造品質與可靠性的時代，Alumax系統贏得了國際顧問及業界雜誌，例如《工廠工程學》（*Plant Engineering*）與《維護科技》（*Maintenance Technology*）的讚譽。即使是在今天，當專業人士談到「世界級的維護」時，他們所指的也不是什麼業界標準或公定制度，而是提前規劃好絕大部分的維護預算。

Alumax系統會有如此的崇高地位，是因為約翰．戴伊及其同事率先用電腦資料庫及軟體來輔助例行性維護作業。陸續出現的數位管理系統則添加了許多精密複雜的功能，包括預算編列、成本估計、存貨及採購管控，並能顯現設備的歷史資料以及能源用量。[16]有些系統還可以核對人力資源資料庫，以便在分派任務前確認員工已受最新訓練並取得證書。然而，維護人員所面臨到的核心挑戰到今日仍無法完全克服，也就是如何把這些系統整合到每天的作業中。

電腦化系統有助於管理，但諷刺的是，隨著電腦普及而誕生的科技也需要維護。在數位系統的目標與現實間，存在一道虛幻的空隙，當中充斥著許多無實體、非物質性（immateriality）的概念，例如「虛擬」及「網路空間」，但我們用數位科技所做的每件事，從開啟應用程式到網路搜尋，都需要借助某種設備才能實現，無論是行動裝置還是雲端伺服器。

這種自相矛盾的情況再次出現：維護是必要的，又遭到漠視。但是在組織及機關當中，一定得有一個由害羞宅男組成的後勤部門，就像BBC電視劇《IT狂人》所描述的那樣。筆電和手機壞掉時候，消費者會去找3C產品維修中心。我們行動裝置上的軟體得不斷更新、進行安全性補強與修復。所有被製造出來的東西都需要維護，就算是數位產品也一樣。但是，我們真的明白維護的重要性嗎？如果我們不想跟羅馬人一樣忍受街上的汙水和排泄物，就得付出時間、精神及資源來進行維護工作。

儘管有CMMS這樣便利和精準的工具，卻欠缺維護心態的話，任何新科技或軟體都派不上用場。我們在舉辦維護者大會時，曾經聽到一則有趣的故事。有位化工廠的管理者說道，他幾年前剛到職時，工廠的維護作業完全靠口頭交接。他裝出用無線電對講機說話的樣子：「呃……比利，我這裡出問題了。」換句話說，那間工廠所採取的是被動性的反應性維護，等問題出現時再來應變，而非事先採取有組織與有計畫的行動。某天，這位管理者還意外發現了公司先前購入、卻從未使用過的CMMS軟體——它活像個昂貴的紙鎮，被原封不動地擺在貨架上。

經過這麼多年，許多想法與科技已有所進步，但維護領域的發展還是在原地踏步。今日，美國的鐵路系統有些區段維護不良，火車只能以八公里的時速緩慢通過。美國國鐵表示，需要花費三百八十億美元的資金，才能解決波士頓到華盛頓特區之間東北走廊（Northeast Corridor）的延期維護問題；這段路線經常因為軌道狀況不佳而造成嚴重誤點。在其他領域，對維護的忽視也引發不少嚴重的問題，包括髒亂的醫院、倒塌的橋樑、失靈的學校和無能的政府。

但是，政客、專家和領導階層還是不斷大聲疾呼，要求更多創新措施來拯救大眾、解決危機，包括氣候變遷、經濟衰退、醫療體系效率不彰等。而這種一廂情願的直覺反應，正是所謂創新的迷思。

我們將於第二部探討，捨棄重大的維護工作、不計一切地盲目追求創新，會造成哪些沉痛的代價。我們會依三個層次來說明：

一、社會對基礎建設的忽略。
二、組織與機構草率投資半成品，以致蒙受財務損失。
三、個人生活不斷受迫於改革的壓力，職業生涯和家庭時光因此受到不良影響。

接下來，我們便會談到這樣的忽視對社會造成哪些影響以及危機。

第二部

第四章
溫水煮青蛙

二〇一五年一月的某一天，華盛頓特區地鐵黃線第三〇二號列車從朗方廣場站（L'Enfant Plaza）剛發車不久，便在距離月台不到五百公尺處拋錨，車廂內布滿濃密的黑煙。事故的原因是，負責為列車輸送高壓電的第三軌產生了「電弧」（arcing）問題。電弧形成的原因是電纜絕緣層劣化，導致塵土、樹葉、垃圾及殘礫跑進電纜裡，造成該處電力接地，便產生了火花及煙霧。

事發當天，有關單位的緊急應變措施「做得一塌糊塗」，最終釀成了悲劇。地鐵人員花了四十分鐘才切斷第三軌的供電，而乘客只能受困在車廂內。有些乘客自行逃離了現場，但其他人就被困在濃煙與漆黑中，尤其是年長者與行動不便者。有三名乘客為一位昏倒的婦女施作了二十分鐘的CPR，但沒有用。後來有個男人走過來抱起這位女乘客往煙霧瀰漫的暗處走去，那三位乘客就沒有再見過她。等到濃煙散去，時年六十一歲的模範母親與績優員工卡蘿．格洛弗（Carol Inman Glover）已不治身亡。另外還有七十多人因為吸入濃煙被緊急送到附近的醫院急救。

一年後，美國國家運輸安全委員會在最終報告書中指出：「華盛頓都會交通局並未正確安裝與妥善維護第三軌電纜，以致其遭受汙水及其他汙染物損害。」[1]等有錢時再來做的延期維護法，終究搞出了人命。更嚴重的是，該地段在二〇〇九年已發生過列車撞擊事故，造成九人傷亡，但都會交通局仍未落實運安會建議的安全性作業，諸如巡視鐵軌、保持隧道和車廂的空氣流通，以及接獲煙霧通報後，立即派遣維護人員和消防隊員抵達現場。[2]這些安全性問題自華盛頓特區於一九八二年發生首起地鐵死傷意外以來，已有詳細的紀錄。但交通局似乎不懂得記取教訓。譬如說，運安會在針對上述二〇一五年起火事件的調查中指出：「若是都會交通局有遵照標準作業程序，在接獲煙霧通報時便立刻要求所有列車停駛，第三〇二號列車就不會被卡在濃煙密布的隧道裡動彈不得。」[3]而傷亡也許就會減少。

二〇一六年三月，就在格洛弗因為濃煙喪生一年後，某日清晨時分，華盛頓特區的地鐵又發生了火災，原因還是電弧。都會交通局的總經理下令，華盛頓的地鐵系統暫停營運一天，以進行緊急的巡視與維修，而許多乘客當天便無法通勤。不過主管機關認為，狀態最糟的路線必須停駛數週，都會交通局才有辦法趕工彌補早就應該完成的工作。

多年來，管理該地鐵系統及為其編列預算的官員，一向是把科技創新與系統擴張視為優先要務，維護及保養則擺在最後。規劃人員在設計華盛頓的地鐵系統時，主打自動化以及電腦控制的列車，直到二〇〇九年發生死亡事故，才改由列車長操控駕駛。[4]事實上，都會交通局打算重新啟用電腦控制列車，不過這個過程可能需要花費五年以上的時間。[5]有些觀察家認為，交通局依賴自動化又盲信科技，才會對維護養成馬虎的態度，最終引發事故。[6]此外，主管都會交通局的政治人物也不斷推動地鐵系統與路線的擴增計畫，但又不肯透過增加稅金或提高票價來支付維護、修理等基本營運的費用。

問題在於，華盛頓都會交通局的管理結構特別複雜，除了得聽命於一個失能的董事會，同時還必須聽從華盛頓特區、馬里蘭和維吉尼亞三地的議會以及美國國會的指示行事。因此，交通局的財務命脈有一部分是掌握在遙遠的蒙大拿和維吉尼亞西部鄉村地區的民意代表手裡，而他們沒有任何政治動機去確保軌道的維護狀態。事實上，為了討好選民，這些政治人物總是反對徵稅、極力刪減預算，也會擋下維護地鐵系統的費用。

我們將會在後續章節中探討管理方面的議題，重點在於，只是在表面上支持創新與成長，才導致都會交通局的問題愈趨惡化。而且綜觀美國的基礎建設，這只是冰山的一角而已。

對紐約市的居民來說，二〇一七年的夏天「恍若地獄」，因為地鐵系統的緊急修復工程，人們不得不忍受漫長而煎熬的車班誤點。根據估計，未來十五年之內，修復地鐵系統所需花費的金額介於一百九十億至四百三十億美元不等。《紐約時報》調查發現，紐約市政府數十年來都在大砍預算，並採取延期維護的做法。事情會演變成這樣的局面，追根究柢都是不當的管理決策以及不負責任的政治考量所致。舉例來說，二〇一七年，紐約州州長安德魯・科莫（Andrew Cuomo）便向大都會運輸署施壓，要它花費數千萬美元去規劃如何在橋樑架設燈光秀，並在公車上安裝無線網路與手機充電座，以及為新的地鐵車廂印上紐約州州徽。[7] 與此同時，運輸署砍掉四十多項維護作業，而原本每六十六天做一次的例行性車廂保養，則延長為每七十三天一次。

它們只是從交通運輸找出的兩個案例而已。二〇一七年，沙加緬度的奧羅維爾水壩（Oroville Dam）瀕臨崩塌，九公尺高的水牆恐將撲向下游的費瑟河（Feather River），並淹沒當地社區。兩年過後，聯邦政府發現這場有驚無險的災難是始於維護不周，所以不能以災難救助金的名義提供三億六百萬美元的修繕資金給加州政府。時間再回推十年，二〇〇七年，三十五號西向州際公路（Interstate 35W）的一座橋樑塌陷，墜入密西西比河，造成十三人死亡，一百四十五人受傷。在事故發生前，便有工程師判斷它的設計與結構有缺陷，當局也展開微幅的修繕作業，但橋體仍然撐不下去。

從這些案例可看出，為何美國土木工程師學會（American Society of Civil Engineers）在基礎建設報告卡（Infrastructure Report Card）上只打了及格邊緣的分數。在美國六十一萬三千座橋樑中，有將近百分之十結構安全性不足，需要密集監測或修理；水壩、防洪堤與自來水廠的維護情形更糟；公共運輸設施則是慘不忍睹。[8]

對於這些現象，歷史學家史考特・諾爾斯（Scott Knowles）提出一種十分貼切的說法：慢災難（slow disaster）。災難一般來說都是迅速降臨，包括颱風、水災、龍捲風、地震、工安意外等，在轉眼間奪走大眾的生命並破壞撐起日常生活的設施。快速災難會留下難以癒合的傷口。在記者挖完新聞快閃後，受災戶還得留在原地、收拾殘局。有些事業和家庭永遠無法重建，有些人的生活從此殘缺不全。

相反地，慢災難是出於日積月累的忽視以及微小傷害，比如家中刷了含鉛油漆，或是馬路上大大小小的坑洞。

當然，慢災難也有可能導致災害快速降臨，例如橋樑因結構設計不佳而倒塌，抑或是軌道的路基未養護而造成火車出軌。延期維護也會加重其他類型的災害，正如颱風來臨或地震發生時，脆弱的基礎建設會嚴重受損。近年最可怕的案例就是瑪利亞颶風重創波多黎各。連年的財務危機導致該國政府延後了電力系統的維護作業。二〇一七年，遭到瑪利亞颶風襲擊後，島上的電力經過十一個月的搶修才完全復電。有研究人員認為，這次風災的高死亡率就是停電導致的，最終死亡人數估計為三千人。

從慢災難的概念，就能學著用長遠的眼光來看事情，了解延期維護的嚴重性。我們必須擺脫二十四小時即時新聞的刺激，不再著迷於記者在大風大雨中的浮誇表演，並將注意力放在惡意忽視所造成的長期傷害。

在談論基礎建設的問題時，務必要謹慎以對。美國等富裕國家自七〇年代以來經歷過經濟成長遲緩、生產力及薪資漲幅下滑的情況。人們在討論這些改變時，往往喜歡從簡化的軼事或道德淪喪來尋求解釋。舉例來說，有人認為，當時生產力下降是因為許多生性懶散的嬉皮吸太多大麻、又欠缺職業道德所致。把壞事怪罪到道德墮落很容易，但卻無法解釋問題的真正起因。

曾在前總統雷根手下擔任行政管理暨預算局（Office of Management and Budget）局長的大衛・斯托克曼（David Stockman）認為，民眾過於擔憂基礎建設的問題。我們不同意這番評論，但大家確實也該提防誇大與歇斯底里的言行。重大的公安問題是可查證的，而且在短期內獲得改善的機率很低。

社會的道德敗壞、當局的愚蠢及缺乏遠見確實可能導致基礎建設衰敗，但在大多數的情況下，退化的原因極為複雜而多樣，問題種類也非常多。各種極端因素湊在一起，人類才會面臨眼前的困境，尤其是太重視創新與成長，而忽略關照當前的環境。

基礎建設的評分系統

現代基礎建設大大改善了人們的日常生活，其貢獻難以估量。在歷史上絕大部分時間，霍亂、鉤蟲和痢疾奪走數不清人命，如今在世上不少地方也依舊肆虐，但供水系統帶來乾淨的飲用水，汙水排放系統帶走細菌。有了電力系統與家電，我們的生活變得更輕鬆、更舒適。幾百年前的人絕無法想像，通訊系統（電話、網際網路）使我們與他人產生連結。這些服務是有賴於基礎建設與各種相關聯的技術。

正如我們在第三章所看到的，我們的文化太執著於創新論，原因在於科技帶來的經濟成長。此外，透過新科技，我們便能用更少的資源去完成更多的事，從交通運輸以及基礎建設的發展來看更為清楚。美國剛建國時，主要的交通工具是馬匹，但泥土路面無人維護，到了某些季節，會變得非常泥濘、難以通行，從紐約到維吉尼亞就得花費數日。就連詹姆斯．麥迪遜（James Madison）在《聯邦黨人文集》（*Federalist Papers*）中提倡要成立聯邦政府時，也請大家不必擔心，因為這片土地不會有人成群結黨、形成黑幫派系，也不必擔心會有政客妖言惑眾、蠱惑民心。因為通訊傳遞的速度實在太慢，相隔數百公里之遙的人們根本不可能連成一氣引發狂熱的風潮。

很明顯地，運輸條件慢慢有所改善，先是出現了鐵路，接著出現汽車、卡車、混凝土馬路以及州際公路系統。航空業和綜合運輸中心也發展起來。到了七〇年代，大型貨櫃船一艘一艘問世，全球生產網路也因此串連起來。到了二十世紀中期，某天在中西部製造出來的螺絲起子，隔天就在紐約市派上用場了。自從一八〇〇年以來，生產作業的巨幅進步著實令人吃驚。

但是，基礎建設的衰敗破舊讓我們認清，經濟成長並非只有單一方向。有好的建設，人類的活動就更順暢、更有效率，但沒有妥善維護的話，就會導致生產力下降。

有位朋友在美國著名的啤酒公司「內華達山脊」(Sierra Nevada）工作。美國鐵路系統的維護和保養做得很差，所以火車行進時車廂會劇烈晃動，為了防止酒瓶碎裂，內華達山脊等啤酒廠只好在貨箱內添加額外的襯墊。但因為這些緩衝材料很佔空間，所以啤酒運送量就減少了。再來，美國有幾百公里的鐵軌品質已經劣化到會影響安全性，因此火車在行經特定路段時，必須加倍放慢速度。相較於往日的性能，現今鐵路的運輸效率不增反減，它非但沒有助力，還拖累了酒類飲品的產業發展。這讓人不禁疑惑，我們是否遺忘了社會的基本價值觀，即使有損啤酒產業也無所謂？

無論是民營鐵路、還是國營自來水廠，這些大規模科技系統自設立以來，便存在品質劣化的擔憂。不過，經濟學家、政策分析師及土木工程師自七〇年代開始，陸續發表了多篇報告，一再強調基礎建設的隱憂。這個時間點並不令人感到意外，美國經濟當時開始走下坡，地方政府、州政府乃至聯邦政府皆嘗試要削減開銷。而維護作業總會率先被犧牲。

經濟學家派特．喬特（Pat Choate）和蘇珊．華特（Susan Walter）在一九八一年率先闡明了這個日趨嚴重的問題。他們為國家計畫機構委員會（Council of State Planning Agencies）發表了報告書〈美國廢墟〉（America in Ruins），在當中探討了各種類型的公共基礎建設，從排水系統、高速公路到地下鐵，無所不包。他們發現在八〇年代，翻新都市外圍高速公路的費用至少為七千億美元，假設通貨膨脹率維持在百分之十二點五不變，那麼當時政府的預算只夠支付三分之一的維護成本。[9]他們還發現，單就紐約市的公共工程而言，未來十年便至少須花費四百億美元來維護才安全。我們前面也提到，至少地下鐵系統的維護經費就一直短缺。

喬特和華特認為：「因應經濟蕭條而實施的預算刪減，反而抵消政府為了振興經濟所做的努力，並威脅到數以百計社區的消防安全、大眾運輸及水資源供應等基本公共服務。」[10]

這篇報告起初乏人問津，後來卻受到《紐約時報》、《時代雜誌》及《新聞週刊》爭相報導，放到今日來看，宛如預言。

〈美國廢墟〉出版三年後，國會成立了國家公共工程改善委員會（National Council on Public Works Improvement），並由業界及政界的大人物來負責帶領。一九八八年，委員會發表了〈脆弱的基礎：美國公共工程報告〉（Fragile Foundations: A Report on America's Public Works），內容整體來說偏重在新建設，而非維護現有系統。不過，維護始終是個重要的主題，因為在公共工程開支減少的同時，維護成本不斷攀升，而且速率明顯高於通貨膨脹。從一九六〇年到八四年，美國基礎建設的營運及維護成本由兩百一十六億美元升高至五百六十五億美元，反觀相關的公共支出金額，卻從一九六〇年佔GDP的百分之三點六，下降為一九八五年的百分之二點六。[11] 隨著維護支出持續減少，就算繼續發展新建設，既有的橋樑、水壩、防洪堤也會一個接一個倒下來。

〈脆弱的基礎〉開啟了對基礎建設的檢視與反省，文中提及的一項趨勢在日後變成了老生常談，那就是：維護作業沒有吸引力。正如這份報告書所述：「花在維護的錢不如執行新計畫那樣有新奇感。除非路面坑洞一直沒補、公車冷氣故障，民眾很少會意識到維護的重要性，而且這也不是政治上引人注目的議題……營運及維護預算經常會被刪減，因為選民不了解基礎建設的衰退有多嚴重。」[12]

然而，〈脆弱的基礎〉最長遠的影響力在於，委員會特別製作報告卡來為基礎建設評分。公共工程可分為八種，其中水資源項目獲得的等級最高，為B級；危險廢棄物最低，為D級。公共運輸是C減，因為「維護作業不足，也欠缺規劃，尤其以老舊城市最為嚴重」。[13]

十年後，美國土木工程師學會想提高自身的曝光度。當他們發現，國會不打算更新〈脆弱的基礎〉時，便構想要自行推出報告卡。因此，工程師學會的報告卡發行於一九九八年首次發行，當時的名稱叫做美國基礎建設報告卡（Report Card on America's Infrastructure），自那之後每四年發行一次。學會當初只是想要引起大眾注意，結果也大獲成功。報告卡推出後只過了短短幾天，總統柯林頓在發言時便提到公立學校的維護程度為F級；歐巴馬在爭取增加基礎建設的預算時，也曾引用二〇〇九年和二〇一三年的報告卡資料。[14]此外，美國主要的新聞媒體都曾參考報告卡的評級結果。因此，這款報告卡發揮了很大的影響力，讓公眾得以討論國家的基礎建設。工程師學會表示：「從我們發行過的六份報告卡中，社會大眾可以看到同樣的問題依舊存在。我們國家的基礎建設正在老化、功能正在逐漸減弱。我們得採取行動，並推動長期的保養計畫。」[15]

按照支持者的主張，解決方法就是增加開銷。我們同意這一點。不過，過去十年出現了另一種思考方向，假如那是正確的，那我們的處境就更加艱難，不管花多少錢都無法補救。

全民買單

小名「查克」(Chuck）的查爾斯・馬羅恩（Charles Marohn）是一位性情拘謹、說話溫和又有點古板的土木工程師。馬羅恩是天主教徒及共和黨員，從小在農場長大，曾經加入國民兵服役，後來與中學時期的女友結婚，搬到擁有廣闊田園的中西部小鎮生活。這一切聽起來都跟「思想領袖」扯不上邊。然而，馬羅恩在位於明尼蘇達州布雷納德市（Brainerd）的家鄉和同事發起了一項具有影響力、也在逐步成長中的運動，名叫強韌城鎮（Strong Towns），並成立了一個非營利組織，致力於幫助美國城市培養財務韌性。

馬羅恩在大學畢業後成為了典型的土木工程師，負責當地社區的開發。「我蓋了很多亂無章法的建築。」他在日後對一名採訪者這麼說。不過，馬羅恩從二十五、六歲開始，想法便有了轉變。

他一心想升遷，但依照上司的標準，他必須工作好幾十年才行。後來他碰巧有機會參加當地扶輪社舉辦的海外交流計畫，並與其他人一同前往義大利。抵達當地後，對方的窗口卻沒有準備好要接待他們，一行人只好先行回國。馬羅恩沒有回去，反而租了一輛車在義大利四處遊蕩了一個多月，晚上就睡在車裡。

在那段期間，他特別留意當地的基礎建設，並觀察施工團隊的作業方式。他對於這些見聞很感興趣，卻還是有身為美國人的優越感，不敢相信義大利人還在用那些原始的工法。他告訴我們：

> 在雷契（Lecce）古城，我看到工人在修水管時得把鋪在路面上的一塊塊大石頭搬起來。我看到的第一個反應就是「這些人真笨」，那群傻子竟然蹲在地上徒手搬石頭。可是等心念一轉我才想到，美國人鋪的馬路維持個十二年就會崩裂；在頻繁的維護下，又或許可以撐個三十年。但是，那些要命的石頭是從西元四百年就一直在那裡了。

那趟旅程結束後，馬羅恩發現自己很難再過回以前的生活。那年二十六歲的他面臨人生的轉折點，正在考慮要不要離職、離婚、離開家鄉，但在工作方面突然有所頓悟。

馬羅恩當時在明尼蘇達州的雷默鎮（Remer）負責一項計畫。那是一個人口不及四百人的小鎮，卻因為排放過量廢水而遭到州政府罰款。雷默鎮的廢水儲存池和處理池都滿出來了，幾乎快要沖垮土堤，並導致數千公升的汙水流入鄰近的威洛河（Willow River）。[16]問題應該是出在汙水管有滲入地下水，才會造成整個系統溢漏。馬羅恩日以繼夜逐一檢查每個檢修孔，並測試水流，以找出滲漏點。後來他總算發現罪魁禍首，就在一條位於高速公路正下方、長約九十公尺的水管上。修理這條水管需要花費三十萬美元，但是鎮上一整年度的公共預算只有十五萬美元，根本拿不出錢來。

馬羅恩設法尋求政府的協助，但是沒有任何一項聯邦補助計畫是針對這麼小型的工程，尤其是以維護為主要目的。於是，馬羅恩想出了一個聰明絕頂的辦法。他設計出一套規模龐大的水路系統，在接近完稿時才把原本要修理的水管加進去。建造這套新系統需要兩百六十萬美金，「但可以用來爭取補助計畫了」，馬羅恩事後寫道。

馬羅恩編寫補助申請書，成功爭取到資金，不過條件是雷默鎮必須向農業部借入一筆十三萬美元的貸款，這是過去原本無權借到的款項。[17]鎮民欣喜若狂，政治人物列隊剪綵、接受媒體拍照，甚至宣布要舉辦「查克．馬羅恩日」。「我們沒有舉行什麼遊行或慶祝活動，」馬羅恩告訴我們：「只是搭個帳篷、架個烤爐，準備一些熱狗。大家坐在一起聊天說笑，歡慶鎮上的問題總於解決了。」馬羅恩也獲得一筆「還不錯的獎金」。不過隨著時間過去，他愈來愈相信，這項任務顯露出一個根本的謊言，就存在於美國基礎建設的政策核心中。

聯邦政府願意花大錢大量興建新的基礎建設，但是想要申請維護經費卻是難上加難。比方說，政府在二〇一四年撥款執行了百分之四十的新基礎建設計畫（相當於六百九十億美元），反觀營運及維護計畫卻只有百分之十二通過（相當於兩百七十億美元）。[18]換個方式來說，基礎建設的預算有超過百分之七十是投注在新建工程，州政府及地方政府的資金則有百分之六十五花在營運及維護。[19]能得到補助蓋新建設，地方人士固然感到開心，但也不得不承擔日後長久的維護責任。

假使美國社會有足夠的稅收能負擔維護費用，那什麼都不成問題，但現實情況差得可遠了。馬羅恩和幾名同事調查發現，路易斯安那州拉法葉市（Lafayette）的基礎建設經費為三百二十億美元，但地方稅收只有一百六十億美元。[20]拉法葉市的一般家庭每年要繳納的稅金為一千五百美元，其中百分之十會用在維護基礎建設。可是據馬羅恩估計，每戶人家每年必須多繳三千三百美元，才有辦法維持現狀，這還不包括增設新道路或新建物，抑或是大幅維修現有設施。[21]然而，大部分的家庭都負擔不起這麼高的稅金，就算地方首長想要調升稅率，也很快就會被趕下來。馬羅恩相信，拉法葉市混亂失序的財政狀況已成為全美各地的常態。

像雷默鎮那樣浮誇的新基礎建設，地方政府不但沒有能力支付，日後它也會成為沉重的負擔。不過，反正當下還用不著承擔後果，因此政府官員和民眾在建設完工時還能向彼此道賀。這種做事方式與義大利古城的情況有多麼不一樣。以前的工法慢又沒效率，卻經得起考驗，畢竟，那是有千年歷史的方法。

這兩種做事方式的強烈對比令馬羅恩非常糾結，所以他要轉換職場、遠走他鄉、結束婚姻，轉而去做一些簡單而快樂的事情。「我想去當貢多拉船夫，或是去迪士尼開遊園車。」但妻子並不想離婚，並願意跟他一起找方法來化解困境。

馬羅恩最後決定去明尼蘇達大學攻讀都市及區域計畫碩士學位。他在課程中學到很多，不過都與他早期所受的工程師訓練有所牴觸。譬如說，馬羅恩以前規劃過很多住宅區，但都得加上蜿蜒的小徑和死巷，可是他現在才知道棋盤式街道比較好，這樣可以提升交通效率，並使社區的發展更具有彈性。畢業之後，馬羅恩回到布雷納德市開設了「社區成長研究所」（Community Growth Institute），以協助鄉鎮執行開發計畫、建築規範與分區規劃。「我們的使命是要拯救美國鄉村。」他對我們這麼說。

馬羅恩在雷默鎮的經歷與他在研究所的所學所知充滿矛盾，只是當時的他尚未察覺。「我想，每一位規劃師都相信，只要能正確掌握分區法規，就可以解決所有的問題。但這種想法讓人迷失自我，就像相信自己能治癒癌症、維護世界和平。你會開始以為自己比其他人懂得更多、更有洞察力。」

幸好，馬羅恩的心胸夠開闊，還會意識到自己可能是錯的，在讀過暢銷作家葛拉威爾（Malcolm Gladwell）所寫的〈關門大吉〉（Blowing Up）之後，他更有了新的體悟。這篇文章比較了倪德厚夫（Victor Niederhoffer）與塔雷伯（Nassim Nicholas Taleb）這兩位投資人的做法，而後者寫出了《黑天鵝效應》及《反脆弱》等暢銷書。倪德厚夫是傳統的投資客，他相信只要透過數學分析，就能夠在市場上找到獲利的機會。他在整個八〇年代靠這套方法發了大財。

很多人會把他的成功歸功於其高人一等的專業能力與知識。但塔雷伯的做法完全不同，他認為自己根本一無所知、也不能預測未來，因為明天總是充滿難以評估的不確定性。因此，塔雷伯利用選擇權來押市場的劇烈波動，賭的是無人能預料的情勢發展。

葛拉威爾的文章寓意很明顯。倪德厚夫的投資公司在一九九七年承受鉅額損失後一蹶不振、宣告解散，另一家公司也在十年後倒閉。因此，像塔雷伯那樣採取強健、有韌性的策略才是上策，才不會被意料之外的負面事件給打亂。

馬羅恩也由此悟出了深刻的道理，並重新思索他身處的規劃及工程領域。他認為，規劃師所接受的訓練都太過死板，像倪德厚夫一樣，自以為是能夠預測與掌控未來。他們都低估了人類社會的複雜程度。馬羅恩則相信，塔雷伯的做法比較好，也就是避免過度規劃，並採取簡單、但有韌性的解決方式。相反地，中央讓地方政府去背負基礎建設的沉重維護重擔，只會增加各種脆弱的風險。

馬羅恩發現，這是人類的心理機制使然。他在自己的辦公室牆上掛了一張解釋認知偏誤的示意圖。他認為，美國人很容易因為眼前的利益而忽略未來要付出的代價。此外，在面對城市規劃和基礎建設等議題時，我們也都偏好簡單的敘事與解決方法，並假設未來會如現在一樣發展。

除了塔雷伯，馬羅恩也受經濟學家海耶克的影響，也因此對於規劃師的職責越來越迷惘。馬羅恩說：

從工作來看，我等於是在自毀前途。比方說，若有地方居民請我去蓋社區活動中心，讓年輕人可以有地方打乒乓球，我會脫口而出：「你們在胡說什麼？另外那棟建築物都要倒了，修也修不好！還妄想要蓋新大樓。」

不過，由於某件事情的發生，導致他不用像早年離開工程界那樣告別都市規劃領域。而那就是失敗。

社區成長研究所的生意在二〇〇六年開始走下坡，到了二〇〇八年金融海嘯爆發後，建築及營造業受到衝擊。馬羅恩被迫資遣員工，最後公司也名存實亡，唯一遺留下來的只有債務。

不過，在公司倒閉前，馬羅恩已經開始在他的「規劃師部落格」書寫他的理念與觀察。寫文章不只是為了療癒自我，也是要記錄自己的想法，並期待能幫助他人。很多城市瀕臨破產，而他想要鼓勵地方政府培養韌性，並建立健全的財務系統，也因此提出強韌城鎮的概念。

馬羅恩在部落格上著重於討論地方事務，而他的獨特觀點也吸引愈來愈多網友的注意，文章頻頻被轉發。最後，朋友鼓勵他成立非營利組織來傳遞理念，順理成章地命名為強韌城鎮。

從那時開始，這個組織便帶領民眾重新思考美國的基礎建設問題，也指出延期維護的嚴重性。馬羅恩從歷史沿革來說明今日的困境從何而來。過去幾百年來，人類都是以傳統、密集、可步行抵達的範圍來建立鄉鎮和城市。這樣的社區符合人們的需求，也有助於提升經濟生產力，並產生足夠的稅收來負擔公共系統的開銷。從十九世紀末期開始，郊區社區出現，而居民以路面電車作為通勤工具，雖然其人口密度低於市中心，但是相較於日後的大都會，人口分布還是比較緊密。

真正的改變出現在二戰後，伴隨馬羅恩所謂的「偉大的美國郊區化實驗」而來。譬如長島有名的萊維敦（Levittown）就是針對有車階級去規劃的。在人類史上，這些住宅區是屬於人口密度低的小鎮，卻需要密集的基礎建設：道路、下水道等大量的公共設施。

強大的政治及經濟助力帶動了這種住宅模式的普及與延續。開發商、建設公司、不動產經紀人等利益共同體結合起來，對各州政府形成了一股龐大的遊說力量，時至今日依然如此。這一群人的欲望和計畫不受法律阻礙。開發商及承包商時常獲得聯邦機構的資金贊助，也常接受各級政府給出的減稅優惠，他們只管興建附有大量基礎建設的住宅區，再把維護保養的工作丟給市政當局去承接即可。

馬羅恩透過多篇文章來分析事態如何一發不可收拾。戰後的郊區發展只是開端。從六〇年代開始，中產階級的白人從擁擠的都市搬到郊區去，產生所謂的白人群飛（white flight）現象，具有經濟生產力的市區成了空殼，除了上班時間，街道上宛如死城、杳無人煙。在鐵鏽地帶，可作為課稅基礎的城市一一消失，基礎建設只能等著腐朽、衰敗。

然而，儘管全國經濟發展遲緩、課稅基礎減少，城鄉的政治人物還是不斷靠著聯邦資金及舉債來追求成長。二次大戰結束以後，市政債券的總金額高達ＧＤＰ的百分之一。到了一九八〇年，這個數字竄升至百分之六，在今日則相當於ＧＤＰ的百分之二十七。[22] 打著經濟成長的名目，政治人物有各種動機去增加債務——無論是發行債券，還是規劃新的基礎建設（雖然往後一定得維護）。經濟成長代表大家有工作、有錢，還會有一些新奇的設施。政治人物必須讓人民覺得他們有在做事，反正當前動工的基礎建設在幾年後才需要付出龐大的維護成本。

馬羅恩也批評都市規劃師、工程師是幫凶，讓整個社會一心只想追求成長和建造新設施。他還認為，美國土木工程師學會就像邪教一樣，其報告卡及研究成果都是基於不合理且毫無根據的成長信念，並篤信基礎建設愈多愈好。馬羅恩還挖苦道，學會某篇報告的標題應該改成「假設現在是一九五二年」。這些批評時常惹得工程師們不高興。二〇一五年年初，明尼蘇達州有位工程師學會的資深會員向州政府投訴馬羅恩在部落格上的言論失當，提議吊銷他的工程師執照。[23]在此前不久，馬羅恩才揭露當地的工程師沒有迴避利益衝突，不斷增加基礎建設的預算。

就算你不支持馬羅恩偏小政府的保守立場，也能理解他要傳達的基本觀念。倘若政府、組織及個人只知道要建造和購買設施，卻不考慮保養問題，最後就得硬著頭皮去面對堆積如山的維護工作和債務，而這正是我們今日的處境。過去六年來，我們不斷研究，並與各領域的專家對話。我們逐漸相信，馬羅恩的評論也能應用到其他科技議題。從圖書館、公司到獨棟住宅，人們總是興高采烈地接納新科技，卻沒有考慮過接下來的長遠責任。

川普在二〇一六年競選總統時承諾，他一定會改善美國的基礎建設，之後人們就時常提起這個議題。但直到現在，聯邦政府也沒有立法推動相關事宜。然而，不管是民眾的焦點或川普的承諾，注重的都是新建設，而非維護及修理現有的設施。再者，所謂的維護實際上都在進行拓寬街道、增設精密的交通設備等升級作業。有些改變確實可以造福公眾，但是它們也會製造出更多有待維護和維修的東西，從而增加基礎建設的債務。換句話說，即使公眾都在討論基礎建設，卻鮮少會談到維護，而我們不僅必須面對社會和經濟整體不平等的劣勢地位，也得付出不成比例的稅金。

不為人知的貧窮角落

自從弗林特市（Flint）在二〇一四年爆發鉛水危機後，路透社還披露，有將近三千個地區的飲用水含鉛量比弗林特市更高，受害人數總計約有一千兩百五十萬人。其中有一千多個社區非常嚴重，其居民的血液含鉛量比弗林特市民的最低值還高出四倍。正如記者佩爾（M. B. Pell）和施奈爾（Joshua Schneyer）所述：「很多地方就跟弗林特市一樣，因為家中油漆剝落、早期使用的鉛管系統或是工業廢水中殘留的鉛而深受其害。」[24]人們生活在有毒的環境下，卻因為缺乏資金、資源及保養作業而遲遲沒有做出改善。

弗林特市及其他許多飽受鉛毒汙染的城鎮都有人口衰減的問題。馬羅恩強調，政府在擬定政策時，總是假設「未來會呈現成長趨勢」。在這種天真、甚至是危險的樂觀主義下，我們總認為後世有辦法負擔今日的建設成果。但明擺的現實是，幾十年來，美國自治市的人口減少，當地的基礎建設問題變得更嚴重。人口衰減會削弱城市的課稅基礎，導致市政當局的可用資源愈來愈少，也無法如期執行維護作業。這些地區有時只能做出不利又冒險的決策。

鉛汙染還不是這些城市唯一面臨到的問題。巴爾的摩市在二〇一一年聘請魯迪・周（Rudy Chow）來管理水資源及汙水管理局（Bureau of Water and Wastewater），其管轄範圍也囊括其周邊的縣市。台灣出生的魯迪・周，自青少年時期前往美國，大學攻讀的是工程學。他在華盛頓郊區衛生委員會（Washington Suburban Sanitary Commission）處理水質問題有二十七年的時間，而該機構負責管理馬里蘭州喬治王子郡（Prince George's County）及蒙哥馬利郡（Montgomery County）總長度超過一萬六千公里的淡水及汙水管道。自該委員會退休後，他加入巴爾的摩公共工程部（Department of Public Works）。由於他把水資源及汙水管理局經營得有聲有色，日後即躍升成為公共工程部部長。

魯迪剛來到巴爾的摩的時候，這座城市的水資源系統狀況很糟。它的整體設計很完善，但是管路的維護作業卻延宕了數十年。這套系統從六〇年代開始緩慢地增建及擴充，但直到九〇年代才完工。魯迪說：「當初並沒有人好好規劃這個系統的保養作業。而出紕漏的可不是只有巴爾的摩。我跟全國各地的水資源管理者談過，大家都得面臨這個問題。」

針對年代久遠的城市，水資源系統的問題很容易統計，就是去計算水管破裂的次數，以魅力之城（Charm City）巴爾的摩為例，一年為一千兩百次。除了街道淹水外，有時候連住家也會受到波及，公共工程人員也勢必得開挖路面。在二〇一八年二月的嚴冬時節，這座城市在單一個月內就發生了六百次水管破裂，快要接近年平均數的一半。公共工程部只能強制員工輪班：一天值班十六個小時、一週上班六天、連續好幾個星期不間斷。

問題看來似乎無解，但我們將在第九章介紹魯迪與巴爾的摩公共工程部的改善計畫，而他們樂觀地相信未來會更好。巴爾的摩還算幸運的，儘管他們的基礎建設搖搖欲墜，但還是比什麼都沒有來得好。

有很多美國人從來不曾接觸過現代科技。科幻小說家威廉・吉布森（William Gibson）說過：「未來已然到來，只是分配得不大平均。」二〇一七年十二月，聯合國人權特派調查員菲利浦・奧爾斯頓（Philip Alston）教授巡視了美國各個窮困地區，發現許多令他愕然的現象。

在阿拉巴馬州土壤肥沃的黑帶（Black Belt）地區，奧爾斯頓看到有些社區沒有穩定的電力服務，甚至沒有下水道系統。[25]他參觀了一間小房子；這個家庭有五名成員，其中包括兩個小孩，還有一名十八歲的唐氏症患者。這戶人家及周圍的屋主都裝配了陽春的PVC管，家裡的汙水未經處理就直接排到室外的水池，導致空氣中瀰漫惡臭。這不僅是美觀與否的問題。這些房屋的自來水管也很老舊，一有裂縫的話，廢水便有可能混入飲用水中。「大家會同時一起生病。」有個人這麼告訴奧爾斯頓。

幾個月前，衛生專家調查發現，當地有百分之三十四的居民感染過美洲板口線蟲（Necator americanus），也就是鉤蟲。這種腸道寄生蟲最常出現在貧窮的熱帶國家，在美國境內應該已經根除。「鉤蟲在第一世界是非常少見的。」奧爾當時向記者這麼說。[26]鉤蟲感染的途徑是皮膚接觸到未經處理的汙水及排泄物。這種寄生蟲會附著在宿主的小腸，吸血為食，並嚴重危害宿主的健康，引起缺鐵性貧血、體重減輕、疲倦感以及心智功能障礙等問題，尤其是對發育中的孩童影響最為顯著。[27]有一項調查發現，朗茲郡（Lowndes County）有百分之七十三的人口接觸過地面上未經處理的汙水及排泄物，當中包括因化糞池或排水系統老舊而流回屋內的廢水與汙物。

《衛報》記者艾德·皮爾金頓（Ed Pilkington）也親自前往求證。在一個停放拖車的園區，他看到有根老舊的PVC管從某間移動式房屋接到十公尺外的樹下，一旁還有籃球框。「那條明溝上面很多蚊子，還有一整排的螞蟻沿著廢水管從屋子裡爬出來，」皮爾金頓寫道：「在靠近房屋的一側，那灘深褐色的混濁液體被陽光照得閃閃發亮，靠近一點看，會發現它其實正在流動。這灘人體排泄物饒有節奏地上下起伏、形成波紋，裡頭還有上千隻蟲子正在劇烈蠕動。」[28]

這樣殘酷的現實掀起民眾排山倒海的質疑，這涉及到政治及道德層面的問題。舉例來說，擁有乾淨的飲用水、堅固的橋樑、令人放心的下水道系統是否為一種人權？如果答案是肯定的，又該如何籌措經費，才能讓每個地方都能享有這些服務？大城市和富裕地區是否該多出點錢幫助窮困的農村地區？既有的基礎建設危害到公共衛生時，又該由誰來負責呢？

「蘋果橘子經濟學電台」有一集節目叫做〈讚頌維護〉（In Praise of Maintenance），其內容是出於我們的理念。主持人史蒂芬．杜布納（Stephen Dubner）詢問知名經濟學家勞倫斯．薩默斯（Lawrence Summers）如何看待創新與維護之間的拉鋸。薩默斯的回應是：「一個偉大的國家可以同時兼顧這兩方面。」我們也希望事實真是如此。但當我們在創新論的覆蓋下檢視社會的基礎建設時，發現有些地方不斷往前衝，有些角落卻被遺忘了。在接下來的三章，我們會提到其他領域的類似情況，包括企業、大學、勞工和家居生活。這些領域都有維護上的困境，也都是因為我們執著於成長及短期利益，不願意去保養及關照已擁有的事物。

第五章

有樣學樣：企業、教育體系和醫療機構的創新迷思

傑弗瑞・伊梅爾特（Jeffrey Immelt）在二〇〇一年九月七日接任奇異公司的執行長；這家企業在民調中總是名列前茅，貴為全球最受推崇的公司。前任執行長傑克・威爾許（Jack Welch）也是伊梅爾特的良師益友。威爾許的管理方式是教科書等級的範例，這位務實嚴肅的前執行長透過精簡人事、推動現代化，帶領這家製造業巨頭進入炙手可熱的金融服務業，並躍升為一方霸主。

伊梅爾特上任後頭十年的表現遠不如預期。從二〇〇一年到二〇一一年，奇異的股價跌了一半，雖然接下來逐漸回穩，但伊梅爾特還是想要大展拳腳。二〇一五年六月，伊梅爾特在華盛頓特區經濟俱樂部（The Economic Club of Washington, D.C.）發表演說時提到，他擔心美國成長的速度太緩慢。幸運的是，解決之道近在咫尺：「我們遇到的所有問題，都可以憑靠更強勁的成長來解決。」[1]

伊梅爾特非常仰慕蘋果、臉書及谷歌等大公司，因為它們引領全球經濟走入數位化時代。因此，奇異也傾盡全力去提倡創新論、努力仿效其公眾形象。奇異成立軟體部門後，《紐約時報》在二〇一六年的評論內容，讓人覺得有一群老爺爺闖入了《矽谷群瞎傳》的場景：「整間公司的職員都去過聖拉蒙（San Ramon）朝聖，不只是去聽科技簡報，也是為了沾染那裡的文化氣息。他們要把矽谷的數位魔法和快手快腳的做事習慣搬進奇異的製造業世界。」[2] 評論者還描述奇異是「成立一百二十四年的新創軟體公司」。

就在那年，一位奇異公司的經理寄電子郵件給我們，姑且稱之為「布萊恩」。他在信中提到，他看過我們發表的一篇專文，覺得當中的批評講中了他的心聲。他表示，奇異想激發員工的「創新精神」，但他希望我們能前去講述「這種不實炒作的歷史背景與前車之鑑」。太好了。奇異毫不遲疑地接受創新論，急切地想再創巔峰，而我們怎麼能錯過扮黑臉的大好機會？

我們很快就跟布萊恩約好進行電話訪談，布萊恩也邀請他的上司加入對話。從談話過程中，我們了解到公司採納了「快點失敗」的思維模式，並且鼓勵同仁從創業家的角度來思考及採取行動，這種舊瓶裝新酒的風格完全符合《紐約時報》的觀察。後來，我們利用奇異舉行團建活動的機會，去拜訪布萊恩和他的同事。我們算是午餐時間的餘興節目，所以在狼吞虎嘯地把三明治塞進嘴裡後，便立刻播放投影片。我們提醒了幾個問題：

- 矽谷那套「快點失敗」的做法在實際應用上有其限制。
- 「顛覆」無法在生活中產生預期中的效果，還會造成痛苦與傷害。
- 領導者不能忘記維護、保持穩定和確保安全等苦工的重要性。

簡報結束後，同仁們熱烈地發問並參與討論，看來應該有理解並重視我們所傳遞的訊息。但當我們準備打道回府時，又不禁好奇這個團隊在得知我們提出的建議後會採取什麼樣的行動。

同時間，我們也忍不住問布萊恩，最初是怎麼找到我們逆風寫的那篇〈維修人員萬萬歲〉。他笑著說，有天他一連開了好幾個小時的會，就是為了探討推動創新的好處。會議開完後，他耗弱的精神難以回復，直到深夜還在上網放空。突然間，他對數位世界發出絕望的吶喊，在搜尋引擎狠狠打上「去你的創新」。賓果！我們的名字就出現在螢幕上。

就算我們的簡報從感性與理性面改變了某些同仁的想法，奇異的經營方針依舊沒有改變。一年後，我們擔心的事情發生了，奇異並沒有因為變得更加機敏、更有創業家精神而獲得成功。二〇一七年六月，奇異宣布伊梅爾特即將卸下執行長職務。該年年底，奇異的股價從每股二十七美元（與我們在二〇一六年十一月造訪時相同）跌至十六點九美元。進入二〇一八年，奇異的聲勢急轉直下，持續引來媒體的負面報導。有位觀察家描述奇異從「美國模範淪為喪家之犬」的過程，另一位作者則探究「奇異如何淪落成失望的代名詞」。到了二〇一八年年底，奇異的股價只剩下七點一七美元。

這樣的現象如果只是特例，那我們還可以一笑置之。問題是除了奇異之外，其他許多公司也相信，想獲得成功，只要模仿新創公司的工作方式及文化即可。他們都相信，製造業巨頭也可以採取小公司有彈性又靈活的做法。也就是說，只要跟上潮流、不斷創新、成長得更快，就一定能找得到出路。這種思考模式遍布全美各大企業，甚至擴及到公共組織。

接下來我們會談到，創新迷思對於企業、學校和醫院所造成的影響，並間接影響到人類生活的重要層面。讀者能更明確地理解到忽視的代價、長期衰退的壓力以及迷信無止盡的創新有多危險。我們在第四章詳述過的問題與模式，在接下來的故事中也顯而易見。首先，追求創新與成長的膚淺想法很普遍。其次，若想要負責任地投入維護工作，反而會引發政治風險。第三，維護工作若常被忽略，受害的往往會是社經地位居於劣勢的人民。

利潤至上的企業

成長是非常重要概念，不管是在商業、教育或健康領域的集體信念裡，還是在其他的思想觀念中。想要茁壯就必須成長，無論是養育子女還是管理個人財務。它不只是一種志向，也是一種本能。成長是主流經濟觀念的一部分，根深蒂固地存在於各種工業資本主義中。

成長能確保公司財務健康、提升社會的經濟與福祉，所以記者和政府官員需要藉助GDP或道瓊工業指數這樣的數字來告訴民眾，大環境正在往好的（或壞的）方向前進。假使GDP上升，或是道瓊工業指數走揚，日子就會好過。生產力與經濟成長率提高，物質在增加的人口中更加豐厚，就代表社會進步。這種邏輯思維很簡單，只要物質豐厚，生產力、經濟成長率快速提升，整體環境即可獲得改善。換句話說，對於當前可見的任何問題，成長是唯一的解決辦法。正如歷史學家伊萊．庫克（Eli Cook）所言：「美國社會的優先要務是滿足財務底線……資產淨值儼然成了自我價值的同義詞」。[3]

美國人很輕易接受這套邏輯，但似乎遲遲不大理解，要建立如GDP或道瓊指數這般簡潔有力的測量值，唯一的方法就是把複雜的變數排除在外、不予考慮。因為如此，他們忽略那些不容易測量的價值觀，例如悲苦、不平等和喜悅，並且限縮那些令人感覺到生命有價值的事物。這個詭異的世界把所有有意義的東西都簡化成可以填入資產負債表的數字，譬如土地、勞動力、科技、獨創力、感情、歡樂、痛苦，並依其生產利潤來加以評判。

成長是一把雙面刃。醫師使用「肥胖」來描述飲食失控造成的過度生長。政治學家使用「帝國」來說明不受約束的地緣政治擴張。在這兩個例子當中，成長是一種兩難，它既可以帶來許多正向的結果，但也會讓人陷入為了追求成長而成長的循環，並付出慘痛的代價。這樣的概念對經濟學家來說並不陌生。環保少女葛瑞塔．桑伯格（Greta Thunberg）那句撼動人心的名言「經濟成長是永恆的童話」，其背後所透露出的擔憂，幾世紀以來不絕於耳。現代經濟學的奠基者，包括亞當．斯密和約翰．史都華．彌爾，均承認既有的土地與資源有限，那麼經濟成長的幅度會隨著時間自然而然地下降。然而，成長的迷思之所以能永續長存，全是因為人類會出於本能地短視近利，只考慮當下的動機來做出反應。

前面提到，馬羅恩提到，整個社會不假思索地把成長迷思應用到基礎建設上。在商業界也一樣，企業家總是在推出新鮮貨，但是他們和投資人鮮少考慮到，這些產品失去光彩時該怎麼打算，也沒列入延期維護和技術債務的代價。從奇異的例子看得出來，這些行政主管及經理人很容易求助於創新趨勢和流行語（例如大數據、自動化及區塊鏈），以為這樣就能永遠成長、解決所有問題。

這些主管並非心存惡念、也絕非容易受騙上當之徒。只不過，他們主要的職責是要讓投資人和股東滿意，也就是確保公司的投資報酬率不斷上升。學者和政治人物都在努力矯正商業界對「股東價值」(shareholder value)的執著。舉例來說，經濟學家威廉·拉佐尼克（William Lazonick）與瑪麗·歐蘇利文（Mary O'Sullivan）指出，過於追求成長的公司會犧牲有益於長遠發展的因素，例如研發或提升員工的福利。太在意股東價值的想法，公司便不會善待其他能促成其成長的人，包括職員、顧客及一般大眾。

慘烈的例子比比皆是。二〇一九年四月，舊金山有一位法官批評加州太平洋煤電公司（PG&E）有錢分給股東四十五億美元的紅利，卻沒錢執行例行維護，例如修剪可能纏繞或壓斷電線的樹枝。儘管有閒錢可花，但太平洋煤電的律師仍發聲抱怨，全面實施年度維護與勘查作業的費用實在太高。面對這樣的決定，加州居民首當其衝，承受了苦果。二〇一〇年，太平洋煤電的管線爆炸造成八人死亡，接著又因設備故障導致二〇一七年灣區葡萄酒之鄉火災、二〇一八年坎普大火（Camp Fire），後者是加州史上奪走最多人命、損傷最重大的野火焚燒事件，至少造成八十五人死亡、一萬八千幢建築物毀損，最終造成一百六十五億美元的損失。

為了防止這種怠忽職守的行為奪走更多人命、造成更多財物受損，地區法官威廉·阿爾蘇普（William Alsup）下令要求太平洋煤電加強維護工事。「一大堆應該拿去砍樹的錢都被你們當成紅利分掉了，」法官說道：「好好補償加州居民的損失，這些人的身家安全都交託在你們手上。」然而半年後，到了二〇一九年九月底，太平洋煤電卻回報，預定的工作進度只完成了百分之三十，加州民眾後來忍不住猜想，要是該公司真的重視維護作業，那二〇一九年十月爆發的數十起火災就不至於那麼嚴重。[4]

不過，對於數位產業來說，只看重股東價值反倒是有益的。谷歌就提供了許多範例。從維基百科的列表看來，谷歌歷年來已經超過一百種產品「停用」或「不再提供支援」。讀者們或許還記得 Picasa、Wave、Dodgeball、Buzz、Aardvark、Health、Knol、Meebo、Orkut、Google+ 等服務，這些產品不是被整合併入新服務，就是因為討論度太低、被默默下架也沒人發現。喜愛的商品停產，使用者當然會火冒三丈。當初公司可是大張旗鼓地宣布上市、揮舞錢途光明的旗幟，結果那些產品的命運很悲慘：人氣下滑、失寵、被拋棄、下台一鞠躬。[5]

與此同時，谷歌的獲利卻不斷增加。這家公司成功地以股東價值作為經營策略，並捨得放棄賠錢的產品。但是，對谷歌有利的做法不見得會對國家有利。對數位公司管用的，也不見得適用生產實體商品與提供服務的公司。

此外，還有兩個簡要的例子可以說明，將股東價值最大化可能會引發公安問題，並回過頭來傷害企業本身。

第一個例子來自波音公司。《紐約時報》在二〇一九年四月發表了一篇爆炸性報導，文中直指「該公司重視生產速度勝過品質」，導致它旗下的兩款旗艦型產品，七三七MAX和七八七夢幻客機的品質有瑕疵。報導指出，管理者亟欲在公司高層與股東面前維持假象，以確保「產品會如期交貨、股息也會按時分配」，因而在安全性與品質方面多有疏忽。隨著七三七MAX客機在二〇一八年年末及二〇一九年年初相繼發生墜機事故、導致三百四十六人罹難，上述假象也跟著瓦解。[6] 這些不當的決策使得波音付出了昂貴的代價。二〇一九年年底，據該公司估計，墜機事件後他們的損失金額超過九十億美金，季度利潤減少了百分之五十一。

第二個例子來自一份看似無害的季度獲利報告，由此可突顯的是公司的利益與顧客的需求如何在成長的迷思下互相對立。二〇一八年十一月一日，蘋果公司宣布二〇一八財政年度第四季總收入為六百二十九億美元，獲利金額為一百四十一億美元。這些數字均高於華爾街的估計值，相較於前一年度的總收入五百二十六億美元，也明顯有所增加。可是投資人卻不滿意，因為蘋果的股價整整下跌了百分之七，iPhone的銷售量也不如預期。

分析師絞盡腦汁試圖釐清原因。一開始，蘋果執行長提姆．庫克把問題歸因於川普總統掀起美中貿易戰，再加上中國的經濟衰退，導致當地的需求量大大減少。但是，庫克在幾個月後改口承認，新款的iPhone可更換電池，就是銷售量下滑的主因。許多使用者對於這樣的解釋頗有共鳴，如果只花二十九美金就可以修好手機，何必多花一千美金去買新手機呢？

以更全面的角度去思考，就會發現蘋果公司的立場很尷尬。蘋果的股價下跌是因為使用者明智地選擇修理舊手機。然而，蘋果的高層和股東似乎並不在乎這麼做的潛在益處，例如保護環境、減少廢棄物，竟讓顧客把錢花在更重要的地方。這些可能性對庫克來說都不重要，他在給投資人的信件結尾聲明：「全世界沒有一家公司像蘋果這麼擅長創新，我們絕不便宜行事，只會一路把油門踩到底。」[7]

既然公司唯創新和盈利馬首是瞻，那麼其他的事情都可以犧牲，包括效能和永續性。儘管從經濟史來看，我們絕不可能重現美國輝煌年代的生產力革新，但各大企業的執行長還是苦苦追尋創新，為了求取短期的成長而製造出成堆的垃圾。勞工被剝削而身心俱疲、自然環境也不斷惡化，整個社會傷痕纍纍。而這一切，都是為了追求那不可企及的商業利益。

所以，問題的核心就在於把創新視為成長的基礎，又把成長看成仙丹妙藥。為了在季度獲利報告中拿出亮眼的成績，人們變得短視近利、欠缺深謀遠慮。這些公司都是靠著眾人的期待才能風光發展，所在逐漸步入死亡漩渦時，就會顯得狼狽不堪。

夢醒時分

歷史學家大衛・基爾希（David Kirsch）對商業界和科技業的失敗案例特別感興趣。在二十一世紀初期，當投資專家們在尋找下一棵數位經濟的搖錢樹時，基爾希選擇回溯過去，回過頭去檢視二〇〇〇年到二〇〇二年網路泡沫化遺留下來的產物。他鑽研創業領域多年，還寫過一本書來講述一八九〇年代所發明的電動車。他研究了二十世紀末期的文宣贈品、專業簡報以及推出後不久就夭折的商業計畫，並發現網路事業最能代表大起大落的不理性經濟活動，所以才被稱為「泡沫」。

基爾希和經濟學家布倫特・戈德法布（Brent Goldfarb）認為，這是由於資產價格出現劇烈變化，但是未能反映出其內在價值的改變。換句話說，泡沫經濟是集體帶動的社會現象。人們不斷說服自己，繼續投資特定的市場機會，並深信某些的商業模式與觀念，進而重複強化這樣的集體幻覺。

泡沫未必會失敗。二〇〇二年過後，像 eToys.com、Webvan 和 Pets.com 等公司全軍覆沒，卻有一家公司存活了下來，那就是亞馬遜，也是那個年代最賺錢的企業。網路企業和電子商務是數位淘金熱的產物；這些公司燒錢的速度飛快，充分印證了「快速坐大」（Get Big Fast）這種邏輯思維。eToys.com 執行長托比・倫克（Toby Lenk）在反省自己損失了八億五千萬美金時寫道：「成長、成長、再成長。先鞏固好市佔率，其他事情晚點再考慮。」[8]在一九九九年左右，將近兩百家網路公司首次公開募股，投資人一開始也不介意它們沒有真的獲利。但是，從二〇〇〇年三月到二〇〇二年九月，現實的力量發揮了作用，網路泡沫化時期降臨。「快速坐大」的邏輯崩塌，整體經濟大幅震盪，那斯達克指數暴跌百分之七十六，S&P 500指數遽降了百分之四十八。

很多公司躲過了泡沫經濟的風暴，卻還是繼續砸大錢、跟隨遠景不明的潮流與趨勢押注。前面提到，步調遲緩的奇異在二〇一〇年代曾跟風效法矽谷的新創文化，建議各部門的經理人「快點失敗」，並自詡為「成立一百二十四年的新創公司」。事實上，這並不是奇異第一次追逐風潮並以慘敗坐收。

愛迪生及其他電氣科學先驅共同創立的奇異，是二十世紀美國大企業的象徵。他們把世界級的研究室和生產設施設在麻州、賓州及紐約州北部，為當地社區帶來穩固生計，並以「為生活帶來美好」（We bring good things to life）作為品牌標語。無庸置疑，奇異確實改善了美國人的生活，而其產品囊括了電燈、收音機、電視機、噴射引擎、醫療設備及其他多項商品。幸虧歷年來有這麼多位能幹稱職的經理及高層，奇異才能壯大成為消費者、投資者、軍方乃至總統的可靠夥伴。

不過，事情在七〇年代有了轉折。奇異的發展慢了下來。工廠被迫關閉，員工被迫遣散。調查人員披露，其工廠數十年來排放的有毒副產物汙染了哈德遜河。當時人們還不曉得，美國企業已經無法再有爆炸性發展，正如奇異在一八七〇年到一九七〇年的卓越生產力。

傑克．威爾許在一九八一年接任奇異執行長後，開始大刀闊斧地進行改造，並尋找新的成長機會。當時他的演講內容常談到「如何在經濟緩進的時代快速成長」，並積極採取行動。威爾許收購了數百家公司，以擴展奇異的業務範圍，其中最值得注意的便是金融服務。在這段改革的期間，他推翻了公司的傳統形象，不再扮演踏實可靠的雇主。每一年，外號「中子彈傑克」（Neutron Jack）的威爾許都會用「考績定去留」（rank-and-yank），開除表現敬陪末座的主管，進而削減公司的總人數。[9]

他任職執行長二十年，把這家穩如泰山的製造業巨頭重新鑄造成金融巨擘，也達成不少驚人的標竿。首先，公司的淨收入額從一九八一年的十六億五千萬美金，增加為二〇〇〇年的一百二十七億美金，員工也從四十萬四千人精簡為三十一萬三千人。奇異的市值竄升了百分之四千，都要歸功於威爾許果斷地裁撤旗下製造業的資源與人力，轉而把重心投入於金融服務業。奇異資本（GE Capital）跨足保險業與抵押貸款，並為航空業及能源業提供融資策略，並正好搭上了美國金融成長的順風車。[10]

可是，好景不常，奇異飛速成長的風光歲月並沒有持續太久。威爾許在二〇〇一年卸任後，由他一手提攜的伊梅爾特繼任執行長，公司的聲勢卻開始急速衰退。殘酷的現實於二〇〇八年襲來，奇異的股價從每股三十七點一美元驟降為八點五美元。幸好奇異獲得了緊急援助，包括股神巴菲特所挹注的三十億美元，才幸運地死裡逃生。[11]

二〇〇八年，金融海嘯造成的破壞漸趨明顯，而奇異自九〇年代中期開始積極投入金融服務業，更像是自投羅網。威爾許對這樣的策略感興趣，原因並不難理解，畢竟《財富》雜誌從一九九五年到二〇〇〇年，每年都點名能源巨頭安隆為美國「最具創新力的公司」。而奇異須尋找新的收入來源、擬定新的策略，才能讓投資人重拾信心。

我們很難不同情奇異，尤其是在這個時代，有些實力未曾通過考驗的新創公司，例如Uber和WeWork，每年至少都賠個幾百萬美金，但還是被華爾街和矽谷的投資人捧在手掌心。而奇異只是遭到經濟誘因和文化熱潮夾擊的受害者。創新者以為能得到豐厚的獎賞，就不再主動修剪樹枝，更不願意接受緩慢而漸進式的成長。

全美各地的機構也抱持這種態度走向毀滅之路。本章的內容主要著重在奇異、太平洋煤電、谷歌及eToys.com等企業。不過，成長的迷思在兩大重要的生活領域中也橫行猖獗：教育和醫療。

教育單位

學校也成為顛覆性思維的熱門地點，是因為教育的普及化。每個人都受過教育，教學機構也是資源最豐富的社會體系。再說，教育總是有改善的空間，有很多能評比進步和缺失的指標。針對美國的各級學校，美國土木工程師學會在二〇一七年的基礎建設報告卡上打了個勉強及格的D+。正因如此，慈善家和教育科技公司也突然關心破舊的公立學校設施。

美國總共有十萬家公立學校，K－12學生的人數有將近五千萬人，教職員人數為六百萬人，但是國家對於公共教育的投資不足，其資金缺口高達三百八十億美元，致使學校無法維持良好的硬體設備來提供健康、安全與現代化的學習環境。報告卡註明：「百分之五十三的公立學校必須找到資源去進行維修、翻新等現代化工程，才能達到良好的狀態。」而儘管有不少億萬富翁向教育界供應大量的數位商品，並且承諾要協助改革與顛覆教育方法，但報告卡卻直指：「目前每十所公立學校，就有四所尚未規劃教育設施的長遠營運與維護。」[12]

公共投資也受到二〇〇八年金融海嘯的牽累。（更慘的是，在二〇一四年，有三十一州的經費比其在二〇〇八年的金額還少。）校園的安全與可靠性蕩然無存。報告卡總結道：「政府預算吃緊，基層校園的維護經費受限，只能依靠老舊的暖氣、冷氣及照明系統。」在舉債與設施老化的惡性循環下，從長遠來看，維護費用只會不斷升高。

這樣的問題並不只限於公立的中小學。公立高等教育的情況也不甚理想。穆迪信用評等公司（Moody's Investors Service）每年都會公布「高等教育發展前景」（Higher Education Outlook），而二〇一八年和一九年的評等結果並不樂觀。[13]主要的問題在於，大學院校達不到營收成長的目標，因此必須控制開銷。

二十一世紀的高等教育的財務狀況會岌岌可危，原因很簡單，因為過去的賺錢策略不管用了。許多大專院校每年會調漲百分之五到十的學費，或是讓學生揹負有息的學貸。行政人員焦頭爛額，因為開課及學生事務的成本不斷上升，但是傳統的金流管道，例如慈善捐助及研究贊助，一直是由少數的精英機構所掌控。大學院校也會定期和企業及政府單位發展「策略夥伴關係」，並以創新論來推銷新計畫，例如育成中心、創新園地等等。不過，現有的證據卻顯示，透過這些花招所創造的工作機會與經濟效益，遠遠不及當初主事者所承諾的目標。[14]

那麼，教育界所講的控制開銷，實際上指的究竟是什麼呢？根據穆迪公司提供的數據，高教的開銷有百分之六十五到七十五是花在人事成本上，因此控制預算最直接的做法就是現有職員不調薪，並且提高約聘人員及兼職講師的比例。這麼做還是不夠的話，管理者就得繼續刪減其他大筆預算，最終也一定會大砍設施的維護費用及相關成本。

要解決這個問題，提高入學人數是最根本的辦法，換句話說還是要追求成長。因此，大專院校也落入了同樣的思考模式：只要遇到複雜難解的問題，就把注意力轉移到創新、顛覆與成長。今日大學的行政人員與教職員都被迫要設計及推廣「創新」的課程，用大數據、人工智慧、寫程式做為招生的噱頭。而真正對學生有幫助而終生受用的知識及技能，例如寫作、數學、歷史及語言等基礎課程的資源，也漸漸被奪走。

老師、創辦人、改革者等教育界人士也模仿其他領域的創新論者，因而愈來愈執著教育科技（EdTech）。哈佛商學院教授克里斯汀生等人大力吹捧的大規模開放式線上課程（massive open online courses），即是一項經典的範例。不過，對於採用教育科技的學校以及製作教材的公司來說，這些努力往往是以悲劇收場。在Tech Edvocate網站上，有一篇文章名為〈記述過去十年教育科技的最大敗筆〉（Chronicling the Biggest EdTech Failures of the Last Decade），作者舉了inBloom這款應用程式為例。老師可以用它來儲存學生的成績，也可以做為校際間交換學生資訊與數據的平台。[15]這家公司在成立之初獲得了一億美金的資助，大部分是來自比爾及梅琳達·蓋茲基金會（Bill & Melinda Gates Foundation），但在這款應用程式推出後的一年內，這一大筆錢便化為烏有。近期有項研究發現，完全透過平板電腦接受教育的四年級小學生，標準測驗的分數比較低。[16]

縱使成效令人失望，還是有一票死忠的擁護者不肯放棄教育科技的美夢。紐約市有所學校成立於二〇〇九年，旨在幫助學生為未來的經濟情勢做好準備，傳播學者克里斯托・西姆斯（Christo Sims）前去研究後發現：「整套課程設計得像是一套遊戲，每堂課都會用到最新的數位科技。」[17]但是，那間學校有許多不足之處，課程內容也不如校方聲稱的那般獨特與前衛。縱然教學成果不佳、遇到多少挫折，這些抱持著科技理想主義的教育者還是很堅定，一遍又一遍地修復、重建與翻新他們構想出的虛構世界。教育作家奧黛麗・沃特斯（Audrey Watters）在〈教育科技界十年來的一百件爛事〉（The 100 Worst Ed-Tech Debacles of the Decade）一文中，從發人深省的宏觀視角，記錄下許多類似的現象。[18]

教育科技界從不認真規劃維護事項。傳播學者摩根・艾姆斯（Morgan Ames）在她最近出版的新書及相關論文中，檢視了由MIT多媒體實驗室（Media Lab）提出的「一個孩子，一台電腦」（One Laptop Per Child）計畫。這個實驗室昔日風光受寵，但在二〇一九年被踢爆，它接受了投資大亨暨性犯罪者傑弗瑞・艾普斯坦（Jeffrey Epstein）的金援而跌落神壇。[19]該實驗室承諾要為非洲與南美洲的學童提供便宜又好用的筆記型電腦，以徹底改革當地的教育現況。然而，艾姆斯卻發現，這項計畫的主導者並不打算處理有關維護及維修的現實問題，他們就這樣把電腦發給兒童，但後續會如何被使用只有天知道。從泰國到維吉尼亞州東部的筆電贊助計畫，都因為缺乏維修計畫而以失敗坐收。

加州市中心貧民區的一所學校也收到大批的平板電腦，而資訊系教授羅德里克・克魯克斯（Roderic N. Crooks）發現，會修理設備的人都是學生。[20]科技人士總是主張，讓孩子們自己修東西有好處，這樣才能學到有用的技能。但克魯克斯發現，那裡的學生會自力救濟，是因為學校沒有提供適當的維修資源。前面提到，美國公立學校在基礎建設報告卡上得了D+，原因是延期維護導致校舍狀態不佳。現在，學校裡又放了幾百萬台的數位設備，然後照樣沒有維護方案。

醫療體系

成長的迷思在於，以為依靠經濟成長就能夠解決企業及公立機構的所有問題。在必須面對人類衰亡與老化的醫療照護領域中，這種觀念的侷限性更加清楚。堅信永不止息的成長、源源不絕的科技解方，正是我們拒絕面對現實的明證。

乍看之下，醫療照護領域最能展現創新的益處，譬如拯救了全球數百萬人性命的抗生素和胰島素，抑或是降低全世界兒童死亡率的疫苗。醫學及醫療管理方面的成就確實減少了人類所受的苦難。[21]但這些成就與助益，也使得現今殘存未決的問題顯得格外刺眼。好幾代的政策制定者、改革者及醫療人員都感到很矛盾，美國人花在醫療照護上面的錢非常多，甚至是其他高收入國家人民的兩倍，但在嬰兒死亡率和平均餘命等方面的表現卻是最差。[22]

為了尋覓解決之道，人們試著建立各種制度，當中卻充滿扭曲又矛盾的做法。舉例來說，美國人是全球數位科技的領頭羊，但健康照護組織卻仍採用紙本，並經常利用傳真機或人力來發派資料。另一個明顯的矛盾處反映在孤兒病（orphan disease），即全美罹病人口不到二十萬人的罕見疾病。有些孤兒病較為人所熟悉，例如囊腫性纖維化（cystic fibrosis）或俗稱漸凍人的路格瑞氏症（Lou Gehrig's disease），患者人數低於百人的疾病，則幾乎不為人所知。在市場機制的篩選下，這些患者容易被忽略，因為購入的藥物總數太少，使得研究及治療費用高居不下。國會、國家衛生研究院和食品及藥物管理局遂祭出財政獎勵，鼓勵研究人員和製藥公司進行藥物開發。可是，這樣還不夠，自從國會在一九八三年通過《孤兒藥法案》（Orphan Drug Act）以來，食藥局核准的孤兒藥種類有近八百種，卻仍有百分之九十五的罕見疾病尚未取得治療藥物。[23]

以上問題的根源都一樣。美國人就是不懂得以系統性的方法整合眾人的才智來造福同胞。商業界和教育界的盲點也一樣，領導人獨自帶領組織踏上創新之路，自認為必能取得財務上的成功。

器官代換這個領域最能體現醫療界的創新迷思。芝加哥的瑪麗亞小夥伴醫院（Little Company of Mary Hospital）完成首起腎臟移植手術以來，器官移植仍有許多潛在風險，但成功的案例在過去七十年間仍然穩定增加。但是，這門科別的發展在九〇年代出現了戲劇性的變化，當時的研究人員發現，胚胎幹細胞有分化成為各種人體細胞的潛力。因此，我們有機會利用幹細胞來製造或修復器官、實施精準的細胞治療。這些重大突破的吸引力令資助者及研究者難以抗拒。醫學期刊和頂尖的研究機構，例如梅約醫學中心（Mayo Clinic），都秉持樂觀的態度討論發展創新科技的可能性。國家衛生研究院在二〇一六年設立再生醫學創新計畫（Regenerative Medicine Innovation Project），而後每年撥款三千萬美金，以期加速此領域的進展。

在眾人滿心期待投資能有所回報時，專家也開始擔心，若政府的監督管理不足，黑心的業者便有機可乘，利用安全性堪憂的製品和治療方法佔病人便宜。但創新思想的捍衛者會信誓旦旦地告訴你，不知變通的監管規定是進步的阻礙。但是，針對器官生長的療法，謹慎行事有其必要。與此同時，安全可靠的器官移植手術卻受到影響。根據美國移植基金會（American Transplant Foundation）的數據，國內目前有十萬八千人在手術的候補名單上，而在等待的過程中，每天平均會有十四人死亡。美國衛生及公共服務部（Department of Health and Human Services）於二〇一五年統計，捐贈者在過去十年內人數沒有大幅增加，而活體器官的數量也減少了百分之十六。醫生們很不願意承認陷入如此兩難的局面。有位醫生說，他所任職的移植中心是在幾十年前落成，但「基礎建設不足、護理人力也很有限」。社會上有數十億美元被再生醫療公司拿去揮霍，他對此感到很沮喪，但除了申請研究經費外，他沒有其他選擇。

美國人看待老年護理及老年學研究的態度更是有悖常理。在《凝視死亡》一書中，作者阿圖．葛文德（Atul Gawande）強調，老年學能有效提升老年患者的生活品質，重點在於維持他們的身體機能，並確認他們有好好照顧自己。葛文德在書中提到，有名醫師會查看患者的腳趾甲，看看趾甲有沒有長進肉裡。年紀大的人不太能彎腰、視力也不好，所以常常沒剪趾甲。由此可知，患者都需要旁人的關懷與支持。然而，葛文德注意到，老年學正在凋零，因為年輕人大多會選擇踏入創新、走在時代的尖端、坐擁高薪的工作。

許多專家都跟葛文德一樣，向社會發出警告、呼籲大眾關注老年護理危機。聯邦政府的數據也證實了我們早已知曉的事實：大多數安養院聘用的職員人數均不足。隨著嬰兒潮世代的人口老化、平均餘命延長，這個問題只會愈變愈大。因此，未來人們會更難平等地享有合理的生活品質。可想而知，醫療照護體系只獎勵創新、輕視保健與照護，才會導致民眾在體制上難以獲得平等待遇。社會太執著於膚淺的成長迷思，將它奉為靈丹妙藥，而罔顧它對健康、教育與生活造成的莫大傷害。

創新的迷思滲透到商業界、教育界和醫療界，而以上這些例子，是我們在研究時從數百起案例中挑選出來的。讀者在閱讀的過程中應該也會想起相關的例子。這些事件都在在顯示出，創新的迷思對基礎建設、公立與私人機構的危害，而全民健康也連帶受影響。在後續的章節中，我們將會了解到，創新的迷思所產生的負面影響，將遍及到個人生活以及社會基層工作的價值。

第六章　新階級社會

拉爾夫在美國中西部一所大學的ＩＴ部門上班。身材魁梧、頭髮灰白、蓄著一口落腮鬍的他，從不在意外型與打扮，總是穿著一條牛仔褲配一件Ｔ恤。拉爾夫在鐵鏽地帶鄰近芝加哥的一處貧窮小鎮長大，在他童年的記憶裡，鋼鐵廠早已倒閉多時。他大學讀的是物理，畢業後換過很多份工作，最後在ＩＴ產業待了下來。拉爾夫所有的電腦技能都是自學來的，他從新人時期每小時十二美金的最低工資一路往上爬，現在是年薪超過六萬美元的受薪階級。

拉爾夫喜歡這份工作，有部分是因為他的同事，他們都樂於助人，也都不是愛出風頭或好求表現。ＩＴ從業人員的挫折感很大。「這一行的人總是說，爛軟體怎麼修也還是爛。」拉爾夫說。反而是同事之間的情誼，讓這份工作值得繼續做下去。

ＩＴ團隊謙恭有禮、寬大為懷的精神在他們服務的對象身上並不常見，有些客戶會要求問題立刻解決，還會把錯怪到ＩＴ人員的頭上。拉爾夫說，有些使用者只要一看到錯誤碼，就會打電話到他的辦公室，說不曉得發生了什麼事，一定是ＩＴ部門出錯。即使錯誤碼已經清楚註明是使用者的操作問題，例如不小心修改到電腦的核心檔案，但這種不分青紅皂白的責怪還是會照常發生。

更令人啼笑皆非的是，有一些最傷腦筋的要求還是來自資訊科學系。那些教授視追求創新為己任，經常要求ＩＴ部門做一些辦不到的事，例如無止盡地加快網路速度，而且都以高人一等的語氣來下達指令。

有位教授抱怨他的系統運作速度太慢。ＩＴ團隊卻發現，他操作的網路程式同時連接了多部電腦，資訊從Ａ點傳送到Ｂ點需要時間和運算，畢竟硬體系統是遵守物理定律的。據拉爾夫說：「絕不可能比用單機操作還快。」但是教授好像不明白這一點。

問題在於，實際在多台電腦上操作時，學術理論的預測不一定管用。拉爾夫直言不諱地表示：「資訊科學算不上是科學，很多教授壓根就不曉得電腦是怎麼運作的。」當ＩＴ部門收到無理的要求時，拉爾夫說：「你必須以最有禮貌的方式讓對方知道，你真是他媽的蠢到家了。」教授們的想法乃源自於美好的理論世界，可是他們卻不願意動腦筋想想，要怎麼做才能在現實世界中實現。

拉爾夫是那所大學的重要人物。他要負責維持四百五十部Linux機台的運作，其使用者主要是粗手粗腳的大學生，還要負責維護多台虛擬電腦。話雖如此，在校園裡走路有風的卻是那些尊貴的教授。學校官網貼滿了與創新論有關的文章，包括某位教授的研究成果，以及校方為學生舉辦黑客馬拉松、程式設計營的活動公告。不用說也知道，那些確保校內電腦運作無礙的人，並沒有出現在網頁上。儘管ＩＴ人員的勞力付出至關重要，卻總是被漠視、被視為理所當然的工作。

拉爾夫的體驗也是許多人的親身經歷。在社會與組織的內部，維護工作經常是落在最底層工作人員。維護人員都曾被忽視、使喚、佔便宜並忍受對方的高傲態度。有很多機構會規定工友及維修工人必須穿連身工作服，以顯示他們的身分是維護人員。這種傳統的做法與心態是怎麼來的？在這一章裡，我們將會用社會學及採訪資料來說明，維護人員好像還活在階級嚴明的種姓制度裡。而社會若要變得更明理、更公平，眾人就勢必要重新思考這樣問題。

萬般皆下品

早在人類文明出現以前，地球上便已經存在分工的現象。舉例來說，螞蟻有工蟻、雄蟻、蟻后，蜜蜂有工蜂、雄蜂和蜂后，其職責皆不同。專家在研究收穫蟻（harvester ant）後發現，牠們當中會有不同的群體來負責執行覓食、巡邏、修復蟻巢、及維護蟻群垃圾堆（refuse pile）。[1]請注意，在這四種工作中，有兩種很明顯是屬於維護工事。

人類也是從很早以前就有分工的現象。狩獵採集社會從古至今都是以性別來做為分工的基準。但是，隨著社會愈趨複雜、出現階級之分，維護與清潔工作的分配也變得愈來愈不平等。舉例來說，在古希臘時代，柏拉圖主張，哲學家最重要的事情是要有閒暇時間（skhole）去尋求知識，這個字流傳至今，便成了學校（school）一詞。這些哲學家能自由地沉浸在自我與知性的世界中，全是因為有奴隸和僕人代勞做家事。隨著時間過去，西方世界便區分出「腦力活」與「體力活」：前者是上流階級的職業，後者是卑賤的體力勞動、粗活，是下等人的工作。

包含維護及維修工作在內，職業的位階在封建社會最明顯。從印度的種姓制度來看，達利特（Dalit）是「穢不可觸」（untouchable）的賤民，必須徒手清理衛生設施，包括戶外廁所及排水溝。而這種不乾淨又危險的工作有百分之九十是由女性完成。[2]這些拾糞者（manual scavenging）常會因為吸入有毒氣體引發窒息而死。

然而，印度社會絕非世上唯一有種姓制度的社會。在葉門，阿哈丹（al-Akhdam，字義為「僕人」）是被排擠的弱勢族群，只能夠從事清掃街道和洗廁所等骯髒下賤的工作。有一句葉門諺語顯露出他們的社會地位：「盤子要是被狗碰到就拿去洗，要是被阿哈丹碰到，那不如把它砸了。」[3] 如今在世界各地，還是有很多國家持續實施類似的種姓和階級制度。

我們不應該自欺欺人地說，美國及其他西方社會就沒有階級制度。從歷史的角度來看，美國以前是奴隸社會，那時是由黑奴來負責各式各樣的維護工作，包括做家事。但是，奴隸制度的終結並未連帶地廢除社會階級，而職業也依然有高低貴賤之分。舉例來說，在維吉尼亞和偏南方的幾個州，有些工作現在依然不適用於該州的最低薪資規定，包括飯店門房及保姆幫傭——也就是在傳統上是由非裔美國人擔任的工作。

社會學家自一九二〇年代，開始研究各種職業聲望（occupational prestige），以調查各種工作在美國人心中的社會地位。在一項歷時多年的研究中，研究人員請諸多受試者按照自己的既定觀念為二十五種職業排序。結果發現，即使研究已執行了數十年、取樣範圍涵蓋全美各地，眾人心中的排行次序還是十分相似，幾乎沒有什麼變動。銀行家、醫生和律師等腦力工作者總是名列前茅，工友、泥水匠及挖水溝的工人總是吊車尾。維護性職業，例如水電工及理髮師，則是一律屬於後段班。雖然這類工作對社會運作十分重要，但人們卻寧可眼不見為淨。正如某位社會學家所說：「這些會弄髒手的工作是社會的基礎，但卻沒有機會進入溫文爾雅的公眾對話空間。人們心照不宣地將這些苦差事放在社會的角落，並汙名化相關的從業人員。」[4]

不過，有些工作的名聲，尤其是與科技有關的，確實隨著時間過去而有了改變。舉例來說，在早期的美國歷史中，技工與電匠的地位頗為崇高，也是能出人頭地的工作。但正如歷史學家凱文・博格（Kevin Borg）觀察到，到了今天，大家會叫成績不好、找不到出路的學生去當汽車維修技師。[5]

我們有充分的理由可以相信，這把貶低技術工作的火不斷燒下去，有天也會燒到今日世人眼中的熱門工作。記者克萊夫・湯普森（Clive Thompson）的文章〈寫程式會成為下一個藍領階級的主流工作〉（The Next Big Blue-Collar Job Is Coding）在網路上引起熱烈討論。湯普森在該文中指出，很多ＩＴ工作的性質跟藍領工作很相似，而相關的訓練可能會變得更側重實務。即使是在今天，大部分的ＩＴ工作也都還以維護為主。而湯普森強調，愈來愈多人擠進ＩＴ產業，必將導致從業者的薪資及報酬降低。

有些職業雖然現在看似穩定，但隨著時間過去，還是有可能出現變化。既然人們對於職業排行與位階的看法一致，那這樣的直覺究竟是從何而來？原因有很多，但關鍵在於，工作的階級觀念是經由學習而來的。

受到理察・斯凱瑞（Richard Scarry）創作的童書《好忙好忙的小鎮》（*What Do People Do All Day*）所啟發，社會學家約翰・萊維・馬丁（John Levi Martin）在著名論文〈好忙好忙的動物〉（What Do Animals Do All Day）中建立了一組資料庫。[6] 在斯凱瑞的忙碌鎮（Busytown）中，每個動物各司其職，馬丁分析了牠們的配對模式，並發現當中的關聯性。假如你是鎮民，肯定會想要成為獵食者，因為鎮長和機長都是狐狸；醫生是獅子，開的是荒原路華高檔車。那麼，最需要體力的藍領工作是由哪種動物負責的呢？答案是身分卑微的豬，而馬丁認為牠代表了「美國的工人階層」。在故事中，豬必須做別人瞧不起的勞力活，包括清掃下水道，還時常惹出麻煩，引發不幸事故。斯凱瑞筆下的人物貝先生（Mr. Frumble）老是笨手笨腳、把場面搞得雞飛狗跳，而牠正是一隻豬。

馬丁的文章很有趣，有些段落讀來令人莞爾一笑，但內容要表達的事情很嚴肅。他在文章中提到：「在閱讀忙碌鎮的故事時，孩子們學到大人們每天做的事，也學到哪一類人會做哪一種事。」換句話說，大人騰出時間來為孩子朗讀這本童書時，也正在向孩子灌輸職業階層（occupational stratification）的觀念。我們無從得知斯凱瑞的配對方式是有否任何用意，但他也許只是在無意間把小時候被灌輸的職業階級觀念寫進了書裡。

除此之外，我們也會從其他地方認知到哪類人該從事哪種工作。我們有個朋友住在曼哈頓的摩天大樓，她不時得向小女兒解釋美國的種族情況，因為大廈門房和打掃阿姨老是由非裔美籍人士擔任。這些日常經驗不斷累積下，這個孩子會以為非裔美國人只能做這些工作。

當然，同樣的工作在其他地區會由不同族群負責，在美國境內也是。我們兩人都經歷過漂泊不定的學術生活，從青少年到四十歲搬家過很多次。在伊利諾伊、紐約和維吉尼亞州的鄉下地區，我們注意到，像工友和速食店店員這樣低技術性的工作，主要是由中下階層的白人來做，青少年也不少。在芝加哥和紐約市區，這類工作通常是少數民族或移民在擔任。但不管在哪個地區，唯一不變的就是這些職業的相對地位。所以你不會看到中西部的農場工友開鍍金的豪華名車，而醫生開著快要解體的破車在閒晃。

就業市場確實有社會階層的區分，我們在青春期時，肯定已經清楚了解，哪些職業是落在社會的哪個位階。這是長大成人的必經之路，也是在社會生存的基本認知。而這類知識大多是從家人以及社交生活中學來的。不過，這一切都要等到我們進入學校、尤其是上大學以後，才會有實際的體悟。

偏離現實的大學教育

創新論的意識形態滲透到美國文化的各個層面，它對教育制度的衝擊特別強烈，從學齡前教育到博士學程，並強化了創新者與維護者的地位差異。在美國，創新論會與STEM掛勾，也就是科學（science）、技術（technology）、工程（engineering）及數學（mathematics）

方面的教育。一般認為，教育單位強化STEM領域，就能維持與增進國家的創新力，孩子長大後也更容易找到好工作。學生們被鼓勵去參加黑客馬拉松、程式設計營、機器人社團等有助於培養創新潛能的課外活動。許多流行一時的教學熱潮，譬如K-12設計思考（Design Thinking K-12），以及大學院校新成立的單位，例如詹姆斯·麥迪遜大學的X實驗室（James Madison University's X-Labs），都號稱能開發學生的「創新能力」。

在第二章裡，我們特別強調，創新成果不能只歸功於少數天賦異稟的創新者，而且那樣的能力也無法傳授。愛迪生、尼龍發明者卡羅瑟斯（Wallace Carothers）、名主持人歐普拉與媒體人赫芬頓（Arianna Huffington）並沒有共通的能力或技能。不管是善於交際、容易找到成功機會的外向人士，還是寧可在家自虐也不想去參加派對的內向者，都能發明新玩意兒。

詹姆斯·麥迪遜大學的X實驗室宣稱，他們能傳授通用的「批判性思考法」，但其成效也一一被其他專家打臉。[7]絕大多數的創新都由有經驗、有改革決心的專家一點一滴累積出來的，沒有什麼捷徑能省略幾十年的訓練和努力。

不過，比起推廣站不住腳的教育方法，大專院校一味地推崇創新概念，才是問題的根源。大部分的學生在畢業後的工作都與創新無關，但都對社會很重要。過去幾年，我們在大專院校舉辦過多次講座來介紹維護者這個組織。每當我們問到，有多少人畢業以後想要成為技工、電匠、ＩＴ支援人員等維護工作者時，總是沒有人舉手。這些當然是玩笑話，畢竟同學可不是為了糊口飯吃才來念大學的，但我們想讓他們用更開闊的角度去思考未來的志向。而許多學生以為自己將來會成為創新者，只是因為有人不斷在灌輸那樣的觀念而已。

我們兩個人在二〇一二年到一六年任職於史蒂文斯理工學院，尷尬的是，校方還自封為「創新大學」。該校工程學系的大四生在發表畢業專題報告時，還必須說明自己的作品具備哪些創新精神。但不用說，絕大多數的專題內容根本談不上創新，學生們只有學到如何在胡扯與吹牛中自我推銷。事實上，創新者最重要的技能，就是表演和吸引他人目光，讓自己的作品看來很神奇；這一點稍後會再討論。

不過，更深層的問題是，史蒂文斯的創新評分嚴重扭曲了工程領域的本質。鐵一般的現實是，百分之七十的工程師都是負責維護及監管系統運作，只有少部分工程師在從事創新和研發，特別是「研究」那個部分。[8]因此一般來說，工程師是維護者與操作者，而非創新者。

這種情況也出現在最熱門的資訊工程領域。根據資料顯示，各大機構的軟體預算有百分之六十到八十是花在維修項目上頭。[9]許多資訊科系的畢業生都是進入非軟體領域，例如ＩＴ基礎建設、使用者服務以及網路工程。換句話說，他們最後從事的是維護工作。既然大學設立是為了追尋真理，那麼老師們就應該以務實的角度帶領學生了解真實世界的樣貌，以及校友的就業情況。校方或許可以設法加強學生的維護觀念，並突顯營運工作的價值，畢竟大部分學生都會投身這些領域。

另一個迷思影響更深遠，在許多層面上也與創新論有所關聯，即不上大學就會擠不進中產階級。雖然大學畢業生通常賺得比從事技職工作的人來得多，但考慮到其他因素的話，就沒這麼絕對了。舉例來說，就讀職業學校的平均花費是三萬三千美元，若要取得學士學位，則須花費大約十二萬七千美元，也就是包含學費、生活費和學貸利息。[10]此外，有百分之七十的學生背負學貸，其中有百分之二十的金額超過五萬美金。這些貸款和利息往往需要花幾十年才能還清。再說，美國技職學校一般只要讀兩年就能畢業，比起讀四年制的大學，前者至少可以提早兩年出社會賺錢。更別說不少大學生得花五年以上才能拿到學位，還有更多人讀到一半就被退學。

讀大學是享有體面人生的唯一途徑，這樣的迷思並非為美國人獨有。西澳大學工程系教授梅琳達．霍德凱維奇（Melinda Hodkiewicz）憑藉執業工程師與學術研究者的雙重身分，鑽研維護這個主題長達數十年之久。她向我們提到，澳洲的高教政策在二〇一〇年代大轉彎後，可以上大學念工科的人就變多了，去接受職業訓練的人自然就變少。這引發了幾種意想不到的不良結果。一方面，數理能力低落的新生經常無法應付紮實的數學與科學課程，另一方面，社會上也迫切需要各行各業的人才。霍德凱維奇感嘆道：「這麼說有點殘酷，如今我們養出了一批找不到工作、也不會有人想要的大學工科畢業生。但他們也從來沒想過要去當稱職的技術人員。」[11]

人們有時會一頭熱地主張，社會需要培養更多技術人員。過去十年，技術斷層（skills gap）的討論就從沒斷過，也就是說，例如焊接工及電匠這樣的技術人員，數量一直趕不上整個產業的需求。近期也有研究指出，技術斷層實際上並不存在。總之，專家們還是會繼續爭論這個話題一段時間。[12]

附帶一提，我們兩人目前分別住在維吉尼亞州西南部及紐約州中部，平常都很難找到人來整理房子，不管是清洗木屋、上漆等室外工作，或是裝配水管等室內作業。各地的人們都在討論這個問題，就連相關的從業人員也會談。照這樣來看，有些地方真的是需要更多技術人員。

但是，我們的主要論點不在於增加技職人力。而是絕大多數的人以為上大學是必要的，認定最好的職業就是薪水最高的工作。但事實上，做適合自己的工作，我們才會覺得快樂、人生有意義而有樂趣。不過，在錯誤意識形態的強化下，維護工作總被當成低人一等的職業，更不值得把它視為人生的志向。

好幾年前，我們有位學生面臨了這樣的抉擇。那名年輕人讀的是（學費貴得嚇人的）工程系，不過他花很多時間在一家提供維修與新機安裝服務的暖通空調（HVAC）公司上班。他非常喜歡那份工作以及跟大夥工作的感覺，而且身體上的勞動令他感到踏實。比起學校課業和他做過的其他工作，團隊合作與夥伴間的彼此認同更具吸引力。更叫人意外的是，他的薪水其實很高，所以能不用再兼差賺錢。他也有潛力接掌那家公司，一旦事成，便可以輕鬆享有六位數美金的年薪。

既然如此，為什麼他還要強迫自己繼續上沒興趣的課、拿一個將來用不到的文憑、還得背負學貸呢？那位學生回答，爸媽不希望他輟學。他的父母相信，讀大學是人生一帆風順的關鍵，儘管他自己並不這麼認為。我們當然曉得，做父母的總是想給孩子最好的，但就這個例子而言，家長堅持要求兒子繼續留在學校，反而會傷害孩子的情緒和健康，因為除了要投入勞心勞力的工作，他還得兼顧繁重的課業。

社會對於創新的執著與追求，影響了孩子們對於職業及身分地位的看法，也導致高等教育只重視創新、但離現實越來越遠。這樣的狀況會一路持續下去，等學生步入社會、踏入職場後，就很容易遇到觀念大有問題的主管，後者只顧著追求創新，並對維護人員視而不見。

被忽視的內向者

圖書館副館長又在高談闊論「創新」，嘴裡吐出來的盡是「數位人文」（digital humanities）、「數位轉型」（digital transformation）和「虛擬實境」（virtual reality）之類的華麗詞藻。圖書館員早就聽膩了這些大道理，因為漂亮的話講完了以後，通常不會有後續行動。每回圖書館推出新專案，副館長總是焦躁不安，可是一旦熱情燃燒殆盡，心思轉移到下一項計畫後，就不會再去關注原來的專案，也不會再為其調撥資源。這麼多年來，圖書館總共完成了三項專案。館員們最後終於發現，與上司溝通必須佯裝出創新人士的樣子，於是開始記下各種時髦的詞彙。「新專案若是用虛擬實境來完成的話更好。」他們會提出類似這樣的建議。另一方面，維持運作及完善服務的工作則經常被擱置一旁。

這則圖書館趣聞是虛構的，但當前各地的圖書館員都有類似的經歷，所以也有部分的真實性。我們以此來說明現代職場的通病，也就是維護工作被忽視、相關資源不足。自從我們開始談論這個議題後，就常常有人跟我們提到蘇珊．坎恩（Susan Cain）暢銷書《安靜，就是力量：內向者如何發揮積極的力量》。坎恩強調，不少人偏好獨自工作、在社交場合含蓄寡言，卻常被社會忽略和輕視。而許多經典的自我成長書籍，例如卡內基的《人性的弱點》，都是教讀者如何表現出外向的言行。不管是社會或組織，都重視與欣賞活潑開朗的人，內向者則時常會感到不被認同或沒人要傾聽他們的心聲。

《安靜，就是力量》與維護者社群的主旨有兩個明顯的共通點。首先，維護人員就如同內向者，在幕後默默做事、確保事情順利進行，但鎂光燈的焦點都在創新者身上。社會忽視這些默默付出的人，既不表揚、也不獎勵，這對維護者及社會本身都造成傷害。最常見的例子是，維護開源軟體的後端工程師很難獲得賞識與升遷機會，老是感到氣餒和氣憤。因此，這種工作的流動率很高，老是由經驗不足的人接手。在如此的惡性循環下，軟體的維護狀況就不佳，使用者更是苦不堪言。

其次，大家應該都有發現，維護人員通常是內向者。他們偏愛獨自工作，跟不熟的人打交道會感到有壓力、不舒服。我們在本章開頭介紹的ＩＴ人員拉爾夫說，他喜歡跟同事一起工作，因為他們不愛出風頭，而且真心想幫助別人解決問題。但凡事都有兩面，維護人員正因為太內向，就很難為自己的立場和付出發聲。

大眾媒體經常以幽默的方式來展現維護人員的處境。不管在哪個行業，他們總是被當成隱形人（眼不見為淨）。在電視劇《ＩＴ狂人》中，兩名男員工在髒亂的地下室賣力工作，為樓上辦公室解決電腦問題。在老闆眼中，這兩位標準的科技宅男一接起電話就會先問對方：「你有試過重開機嗎？」在第一集裡，兩人在互相抱怨：「樓上那些人一點都不尊重我們，連最起碼的禮貌都沒有……他們只有在印表機壞掉時才會好聲好氣地拜託。等機器一修好，他們就把我們丟到一邊，好像過期的果醬。」

九〇年代初期，記者蕾絲莉・黑茲爾頓（Lesley Hazleton）為了更了解汽車而去當維修技師。她發現，壞掉的東西有種神奇的魔力，可以反轉社會的位階。一般來說，汽車維修技師的社會地位並不高，但只要有人汽車故障，權力關係就會大轉變。歷史學家凱文・博格在《汽車維修技師》（*Auto Mechanics*）一書提到：「黑茲爾頓看到有位醫生開了一輛BMW 535來更換排氣系統。技師在車廠作業時，醫生尷尬地在裡面等待。為了討好技師，他講了幾個黃色笑話，還埋怨自己真的沒賺很多錢，搞不好比修車師傅還少。等車子處理好，醫生馬上就朝技師扔出二十美元的小費，然後一屁股坐進他的高級名車，飛也似地離去。」[13]有些人只有在需要幫助的時候，才會和善對待、討好社會地位不高的維護人員，但只要問題解決了，他們馬上就會翻臉不認人。

在Reddit網站的「技術支援大小事」（Tales from Tech Support）社群裡，有些ＩＴ人員會在上面分享顧客或公司其他同仁的糗態。有些人搞不清楚螢幕上顯示的基本訊息，就一口認定是ＩＴ人員闖了禍，還會對他們大吼大叫。在為本書收集素材時，我們收到許多朋友及匿名受訪者的爆料。有位任職於ＩＴ產業的聯絡窗口說：「ＩＴ部門接觸到的問題，很多都跟他們沒有關係，反而是跟設計不良、人員素質不佳或不當決策有關。」

以我們採訪過的ＩＴ人員湯姆為例，他曾在美國中西部的一家軟體公司上班，那間公司推出的創新產品很受大學歡迎。湯姆所負責維護硬體設備是用來控管公司銷售量、人力資源等作業。但是，公司的高層管理者只在乎新版軟體的特色，對於硬體設備毫不關心，也不分配資源。「所有東西都是靠電工膠布和打包專用的鐵線來固定。」湯姆告訴我們。設備本身也非常老舊，連原本的製造商都不再提供維修服務，湯姆和同事還得自己上eBay買零件來將就湊合。那是發生在二〇一〇年以後的事，有些設備卻還在使用Windows 95作業系統。

湯姆也跟我們提到，該公司在同一城鎮的其他地方設置了一間伺服器農場，但系統一直發出溫度過熱的警告。但是，公司既沒有改善暖通空調系統，也沒有調整通風管路的配置，而是「把伺服器機櫃後方的散熱口包起來，再把輕鋼架天花板的幾塊板子拆掉，然後拿幾台電風扇擺在機櫃後方，從下方吹散熱風」。

「這也太好笑了吧，」湯姆哀怨地說道：「我們都開玩笑說，假如那些伺服器因為這樣而故障報廢，至少它們已經被套在垃圾袋裡了。這實在太糟糕了，公司既沒有規劃空間、也不知道該如何實際操作這些設施。這很好笑，也很令人沮喪，因為處理這些問題的人是我。」

我們在下一章會討論到家事勞動，性別對於維護工作的分配也有很大的影響力。圖書館館員經常向我們抱怨，女性職員通常都是負責已經進行的計畫、而非提出新倡議。有些研究也顯示，女性也常要求負責行政庶務以及其他無法帶來升遷機會的工作。長遠來看，這種性別差異會造成男女薪資的成長比例不同，並會導致晉升高層的人才缺乏多樣性。[14]維護人員的社會及經濟層面都一樣弱勢。

社會地位低的連帶效應

如果維護工作者損失的只有自尊心，那我們就不用寫這本書了。我們所生活的官僚化社會本來就有許多令人感到挫折的事情，但這就是現實。在個人層面上，從事地位低下的維護工作要付出更多代價，至少有三個面向：缺乏認同、低薪，也常常無法獲得充足的資源來完成工作，正如前述湯姆和圖書館館員的故事。

獲得認同與維護尊嚴是人類的基本需求，這個觀點由來已久，至少可以回溯到哲學家黑格爾的時代。的確，今日人們常講的「身分認同政治」（identity politics）就是在談這個面向。加拿大的哲學大師查爾斯．泰勒（Charles Taylor）主張，獲得認同、其價值感獲得社會承認，是個人基本的需求與權利，「缺乏認同或得到錯誤的認同不但是傷害，也是壓迫。當事人的精神會被囚禁在虛假、扭曲與削弱的生存模式中。」[15]

自從全力推動與復興維護觀念以來，就有很多人跟我們說過，從事被輕視的維護工作產生很多挫敗感及代價。學者專家也證實這一點。研究人員訪問了某所公立大學的一百九十九位大樓清潔工，並選出十二人進行深度訪談。[16]研究人員指出：「這些清潔工覺得，自己在工作時有如隱形人，沒有人會打招呼或道謝。這份工作本身也微不足道，讓人感覺備受忽略或不受重視。」有一位清潔工形容，最讓人心痛的地方在於：「人們經過我的身旁卻視若無睹。」有些清潔工則表示，教職員走進大樓時不會跟他們問好或說謝謝。他們覺得自己像影子或幽靈一般，因為他人的視線總是「直接越過」自己的身體。有些清潔工甚至覺得自己連貓狗都不如。

有位受訪者告訴研究人員：「總是會有些沒禮貌的人在我旁邊放屁，我心想，哇，他真是一點也不在乎我的想法耶。雖然我也覺得蠻好笑的。也有人曾在我旁邊咳出一大口痰。當下我想說，老兄！這裡有人耶，你也不會不好意思喔。我就是這麼卑微的存在。」有一名工友說：「他們真的不想看見我們。」這些經驗令受訪者心生怨懟，一如研究人員做出的總結：「學生跟教職員總是擺出一副尊貴與輕蔑的態度。」有位清潔人員訴苦道，「無知的人不會承認你的存在，因為他們覺得你是低等人。」雖然這些情況比較偏極端案例，但是長期受到如此不平等的對待，確實情緒及心理都會受到創傷。

針對以上現象，有些人覺得主管及人資部職員按時表揚本月最佳員工，或是為維護人員舉辦感恩餐會，就能化解矛盾。但是我們認為這還不夠。許多維護人員的薪水太微薄，負擔不起中產階級的生活所需。南茜・弗雷澤、露易絲・麥克奈（Lois McNay）等女性主義思想家也指出，既然當事人都有經濟困境，把重點放在精神獎勵就顯得本末倒置。

美國有很多家庭日子過得很掙扎，收入只能勉強度日。過去幾年，我們都在關注美國聯合勸募「艾莉絲」專案主持人史蒂芬妮・胡普斯（Stephanie Hoopes）的工作。艾莉絲指的是「資產有限、收入有限的就業人士」（Asset Limited, Income Constrained, Employed，簡稱ALICE）。胡普斯和她的同事不以常用的「窮忙族」來稱呼這群人，因為貧窮不應該被汙名化，沒有人應該為了日子難熬而感到羞恥，更何況現在有那麼多家庭陷入困境。

胡普斯在倫敦政治經濟學院取得政治經濟學的博士學位後，曾在英國的薩賽克斯大學和伯明罕大學教書，最後才到美國羅格斯大學的紐瓦克分校。漸漸地，她的研究重心愈來愈集中在檢視與理解美國人民的經濟困境。胡普斯在研究紐澤西州摩里斯郡（Morris County）某個低收入社區後，便提出了艾莉絲專案，從此改變了她的人生。

這個專案的目的是為了對抗一個核心問題。自從詹森總統在一九六四年向貧困宣戰（War on Poverty）後，官方定義的聯邦貧困水平（federal poverty level）便成為政策制定者及公眾人物在談論美國貧窮問題時的基準點。不過，已經有很多批評者指出聯邦貧困水平的缺陷，最重要的是，它沒有列入通貨膨脹和當下的生活開銷水準。舉例來說，二〇一九年，在美國四十八個州及華盛頓特區，兩人家庭的聯邦貧困水平為一萬六千九百一十美元。[17]兩人只憑這一點錢可以去哪裡過生活，實在叫人難以想像，更遑論是在紐約或華盛頓那樣的大城市。

胡普斯決定以不同的角度來切入這個問題。她和團隊成員制定了一項新數值，叫做家庭生存預算（Household Survival Budget），用來估算出家庭必要開銷的總金額，費用包含住房、育兒、伙食、交通、科技、醫療照護，再加上稅金，以及百分之十的緊急備用金。他們也了解，這些費用會隨著居住地點不同而出現顯著差異，因此是以郡為單位，用各地的消費水平來制定數值。

胡普斯從這些數值得到的結論十分令人震驚。二〇一七年，美國官方報告的貧困比例為百分之十二點三。[18]但胡普斯以艾莉絲專案的數值去評估後，卻發現有將近百分之四十的家庭只能勉強打平收支。情況按地理分布有極大的差異。舉例來說，阿拉巴馬州有百分之四十三的家庭屬於艾莉絲家庭，但是各郡之間的平均值落差很大，謝爾比郡（Shelby）含有幾個位於伯明罕的富裕郊區，所以艾莉絲家庭的比例為百分之二十七；地處偏遠的佩里郡（Perry）則是百分之七十一，這兩者的差異令人難以置信。

艾莉絲團隊針對摩里斯郡的研究報告引起了媒體的注意，有政府官員及倡議者在談論該州的經濟困境時，會引用報告中的數字。胡普斯因此決定離開學術界，全心投入艾莉絲專案的工作。截至目前為止，團隊已經發表了針對十八個州的研究報告等成果。他們不會提出政策方面的建議，主要是希望引起社會大眾對於經濟困境議題的關注，並且提出比聯邦貧困水平更有用的數據。

幾年前，胡普斯主動與我們聯繫，因為她發現，有很多艾莉絲家庭的一家之主就是在做維護工作。巧合的是，當時我們也意識到，有很多維護人員的日子過得很苦，生活在貧窮邊緣，即使他們就跟其他人一樣賣命工作。

我們跟胡普斯一同進行了一場思想實驗，把美國勞動統計局（Bureau of Labor Statistics）羅列出來的職業區分成兩大類：一類是創新者，底下再細分成發明者與應用者，另一類是維護者，底下再細分成培育者與基礎建設者，後者是我們發明的名詞，是指負責維護實體物品的人，譬如道路和電腦。我們用這項練習來大部了解整體的情況。我們順著各項職業的既定形象去分類，比方把工程師歸類在創新者，儘管前面已提到，工程師大部分的工作都跟創新沾不上邊。

這場實驗所獲得的結果不令人意外，絕大多數在維護產業上班的人，百分之九十五的人都是維護者。同樣重要的是，大多數符合艾莉絲標準的低薪工作者都是維護人員。換個方式來說，雖然並非所有的維護人員都是艾莉絲，但是絕大部分的艾莉絲家庭都是靠維護人員在養家。我們發現，美國工人約有百分之六十四是屬於基礎建設者，而當有百分之六十五的人時薪低於二十美金，若是全職工作者的話，一整年的年薪不超過四萬美金。這些工人很多都是月光族，連負擔基本的開銷都很吃力。他們連基本的家庭支出都快要負擔不起，更不會有多餘的錢可以拿來儲蓄、存退休金或是投資孩子的教育，也更需要接受公共援助。

不管在大眾觀念或學術領域，這類工作都會被稱為「低技術性」，因為不需要特殊技能，能勝任的人比較多，所以薪資會被勞動市場壓低。我們不贊同這樣的說法。首先，這些工人確實擁有一些特長，包括體能和耐力，不像那些蒼白瘦弱、雙手沒長繭又愛提低技術性工作的人。其實，人們在談論技能的時候，往往是指社會地位。其次，談到這個話題時，我們都以為關鍵在於多教育工人，好讓他們擁有技能去選擇待遇更好的工作，然而，這只是一種病態的幻想。說白了，苦差事就是得要有人來做，而很多人一待在這個職位後，就會做到至死方休。既然這類工作有存在的必要性，所以社會該保障從事這些工作者，讓他們能養家糊口，讓自己和家人過上體面的生活。

今日的就業市場宛如一座金字塔，頂端被極少數的創新者佔據，而為數眾多的維護者在底下當墊背，公共政策的走向因此受到許多影響。我們將在第十章檢視改善維護者生活的方式。不過現在，我們要先駁斥沒有助益的做法。

創新政策的捍衛者會說，為了推動創新及創業，政府的各項措施都有助於創造就業機會，維護者也能因此受惠。但是，從金字塔的結構即可明顯看出，創新政策不可能製造出夠多的工作，或帶動大幅度的經濟成長來解決維護者的困境。既然有百分之九十五的工人在做維護工作，而當中又有百分之六十的人是艾莉絲標準下的低薪族，試問單憑創新又如何改變這個現況呢？

真相是，當前世界的技術革新或經濟成長都不足以從根本上來改變這座金字塔的結構。政府挹注了幾十億美元投入了奈米與生物科技等相關研究，期待能開發新產業、產生就業機會、促進經濟成長，但研究結果很少能符合這些科技所背負的盛名與期待。我們當然可以繼續把錢投入研發，並發展其他的創新策略，只要用務實的態度去評估它們所能帶來的成果。（我們有幾個理性派的朋友認為，美國推動創新政策主要不是為了經濟成長，而是為了全球地緣政治布局，尤其是與中國對抗。）因此，在如此冰冷、殘酷的現實下，我們勢必得要採取不一樣的方法和想法來幫助勞工們。

第七章
被看輕的家事與照護工作

市面上有不少自我成長的書籍在鼓吹人們把「破壞性創新」應用到自己身上。我們買過惠特妮．強森（Whitney Johnson）所寫的《破壞者優勢》（*Disrupt Yourself*），想看看裡面有沒有什麼搞笑的故事，例如，在跟老友喝酒談天一整夜後，在凌晨三點吃下不衛生的街邊小吃或油膩膩的食物。這個方法經過多次我們本人多次考證後，確實可以強力摧毀腸道健康以及隔天原本安排好的計畫。可是很遺憾，《破壞者優勢》的內容其實是以創新論作為包裝的老生常談，旨在教導讀者如何改變生活及發展職涯。

空洞無聊的自助類書籍不勝枚舉，不過《破壞者優勢》確實代表一股風潮。從運動健身app到飲食控制顧問，這整個產業鏈異口同聲地向我們允諾，我們的生活將變得煥然一新，即使這些改造方案屢屢未果。許多人都渴望生活可以有所改變，跳脫那些不堪的過往和負面迴圈。但真相是，大多數人努力工作，只是要顧好已有的生活和維持安定感。當世界被天災人禍或其他不幸事故給打亂時，每個人都渴望回歸正常，重新回到平時奮力維持的常態。

五年多前，我們開始推廣維護者這個組織，之後便不斷有人提供跟家庭或個人有關的故事（以慘事居多）。譬如他們怎麼照顧家人和自己，以及如何維護家中的硬體設施等。家中的工作沒完沒了：洗澡、洗衣服、洗碗盤、修理東西、吸地、幫小嬰兒擦屁股、為年邁的父母剪腳趾甲……

而這就是人生。正如我們在上一章所看到的，社會上絕大多數的人都在做維護性工作，一回到家裡，所有人也都會變成維護者。就算是極其有錢的大富豪也得自己洗澡吧（希望如此）。認清現實吧，儘管有些人喜歡從事園藝活動、修理物品或居家改造，然而這些以維護性質為主的工作，一般人連碰都不想碰。

在這一章裡，我們將會探討攸關住屋及家庭生活的保養、照顧和維修工作，包括觀照自己身體。維護不只限於公共基礎建設，也不只是公司企業的優先要務。當我們踏進家門、說出「回家真好」時，另一種維護工作正在等你。在社會和組織出現的維護問題，包括延期維護，也會在家庭生活裡現跡。若想要恢復維護工作在社會上的地位，勢必就得先了解家務勞動的各個面向，以及它會如何影響個人的生活。

自我照顧的壓力

我們上「蘋果橘子經濟學電台」接受訪問時，主持人史帝芬・杜布納說到，他在讀完我們的文章後，第一個浮現的念頭就是保養身體。他指出：「年紀增長後，會花更多時間在保養自己。」維護是對抗混亂與無序的戰爭，它不只關乎於科技，更與生物學息息相關。不管是透過飲食、運動或梳洗打扮，保養身體都是人類生活不可分割的環節。（當然，有很多動物也會清潔與打理自己。）

在保養這件事情上，男性和女性所投注的功夫、時間及金錢大相逕庭。原因自然是因為社會對於男性和女性的外貌有截然不同的標準。在一項民調中，有百分之八十一的女性表示，她們在早晨做例行保養時，至少會使用一款美容產品，但有百分之五十四的男性完全不會使用美容產品。[1]所以男女兩性在金錢上的花費相去甚遠。有一份報導指出，男性一生花在美容產品及服務的金額約略是十七萬六千美金，女性超過二十二萬五千美金。[2]正如該篇文章的標題所言：「你花在美容保養的平均花費足以供你念完哈佛大學」。

除了上述的雙重標準之外，有一些人的身體就是需要接受更多的照顧。許多社會運動者及學者都強調，身障人士及其照顧者要完成數不清的維護事項，才能保有生活品質。這些工作都會弄髒手，照顧者也會接觸到鮮少被外人看到的體液及身體部位。

身障研究學者漢娜・赫爾德根（Hanna Herdegen）提到。幾年前，YouTube和社群媒體上出現了一股新風潮。許多專門拍攝生活的影音創作者開始以「我的包裡有什麼」（What's in My Bag）為主題和搜尋標籤，並把背包或皮包裡的東西一個一個拿出來介紹。有些身障與患有慢性病的創作者也受到啟發，介紹障礙者的包包裡會有什麼。當中有很多是隨身必備的醫療器材，例如餵食器、血氧機和血壓機，而非殘障人士作夢也想不到要帶那些東西上街。坐輪椅或配戴義肢的身障者還得攜帶工具包，尤其是螺絲起子，以便能隨時修理器材。赫爾德根指出，非殘障人士包包裡常見的物品，例如毛衣、零食和瑜珈墊，對於身障者與慢性病患者而言，也有不同的醫療功能。

雖然身體保健、照護和科技保養看起來好像是兩回事，但都會受到幾種相同的基本問題所影響，包括忽略不理、只看重當下的享樂、拖延處理、執著成長以及未能解決普遍的集體問題等。

我們都曉得，很多人會把攝取優質飲食與保持良好體格等要事，留給無窮無盡的明天。若是忽略未來的成本與效益，只顧及眼前的享樂、聽從衝動的誘惑，那那長期下來健康一定會受影響。代價顯而易見：根據醫學定義，有百分之六十以上的美國人體重過重，更有超過三分之一的美國人屬於肥胖族群。

儘管如此，談論飲食方式及體能活動量時，過度強調個人意志並不公允。早期社會的人類運動量大，並不是由於他們特別有毅力，而是為了維持生計。在大部分歷史時期中，人類的存亡都有賴於農事，所以不得不從事體力勞動。此外，有研究顯示，當人因為貧困而感到匱乏、承受壓力時，會變得比較衝動，也更容易做出不恰當的選擇。[3]一如我們在上一章所看見的，美國有將近百分之四十的人口勉為其難才能打平收支，而其餘的人也要承受各種不同的壓力。在這樣的社會背景下，若把自我照顧當成道德要求的一環，就太不講人情了。

這世上有許多事情是專門為了引人墮落而設計的，所以自我照顧就更沒有說服力。更嚴重的是，我們並不清楚自己的目標在哪。美國人一年會花三百三十億美元在減重產品上，但飲食控制卻不見成效。再者，社會又過度在意肥胖問題，許多人因此折磨自己或被他人霸凌。但是，體重的數字不見得能代表健康，有三分之一到四分之三的肥胖人士代謝機能很正常，身材纖細的人卻有多達四分之一新陳代謝有問題。[4]

也就是說，人們其實可以透過許多合理、有根據的方法來進行自我照顧，用不著對體重數字斤斤計較。但你不會聽見這樣的言論，從雜誌、書籍，到膳食補充劑、健身俱樂部，再到份量經過計算、可用微波爐加熱即食的「低卡路里」晚餐，因為許多產界都靠你不切實際的養生法來賺錢，包括雜誌、書籍、膳食補充劑、健身房以及各種低卡路里的餐包。眾人在此時反倒就不追求成長了，還得加以抑制。

醫療人類學家泰瑞莎．麥克菲爾（Theresa MacPhail）告訴我們，她最近也注意到一種類似的成長迷思，也就是運動圈的「進步」執念。麥克菲爾多年來都熱衷於跑步，而在四十七歲那一年，她決定要從更長遠的角度去思考健康，因此在平時的鍛鍊項目中加入重量訓練。而她也做了每個書呆子都會做的事：閱讀一大堆關於這個主題的資料。

但是，她讀得愈多，就愈來愈意識到一件事：

差不多在我讀完第十篇文章的時候，我突然覺得，「這根本是在胡說八道吧？」不管你測量的基準是什麼，比如跑完一英里所需要的時間、耐力或重量，重點都在於「進步」和「增量」。於是我對自己說：「你這個身體原有的修復能力已經愈來愈差。你運動的主要目的只是想要維持身體健康，那為什麼要從進步的角度來看待成果呢？」然後我才發覺到，健身界從來不講維持，焦點永遠擺在改進上面。

隨著年紀增加，我愈來愈感到不滿，因為社會文化拒絕承認人的各種限制，尤其是身體。我很不爽我應該要舉重、做有氧運動、加上一些伸展，還要經常動腦或是學習新語言來保持腦細胞「活化」（天知道那代表的是什麼意思），而且要吃有營養的食物，然後睡足八小時。

要是真做完這一堆我「應該」要做的事，我早就累死了，而且我還是會變老，身體還是會衰退。我想要的，是大大方方承認東西是會壞的，包括身體。這是很自然、也很正常的事。我們所能希望的，只有盡量減緩老化的速度而已。

照顧家人

正如麥克菲爾所說，要照顧好自己並不容易，而且我們也還需要照顧旁人。在大眾文化的灌輸下，我們都很熟悉這樣的畫面：時髦的年輕人在當了父母後，開始面容憔悴、心力交瘁，時常只穿運動衫和瑜珈褲。他們整天忙著擦寶寶的屁股，洗成堆的衣服，還得從汽車後座下挖出餅乾的碎片。最後他們還要打起精神，幫孩子準備比通心粉還健康一點的食物。做家長的人都有很多這樣的恐怖故事可以說。例如，小朋友凌晨兩點在床上吐了，在又哭又鬧下，一個大人得抱他去浴室把身體洗乾淨，另一個大人必須換掉寢具和床單，除非他們想跟紅蘿蔔塊、結塊的牛奶和膽汁一起睡。用不著說，單親家長就更難應付這一切了。

歷史學家伊芙琳．中野．格倫（Evelyn Nakano Glenn）在《強迫關懷》（*Forced to Care*）一書中指出，看護的重擔不平等地落在女性的身上，尤其是有色人種女性。在十位非正式（或未支薪）的照顧者中，有七位是女性，而全職工作的婦女，平均每週會多做十六個小時未支薪的照顧工作。育有小孩的已婚女性平均也會花十四個小時在照顧孩子，相較之下，爸爸照顧孩子的時間為八小時。[5]

重症看護者的壓力很大，健康也容易出問題，出現心臟病、高血壓、糖尿病及憂鬱症等問題。此外，非正式看護工作也會造成顯著的財務損失。有一項研究發現，為了照顧家人而換工作的人（絕大多數是女性），終其一生可能損失的收入為六十五萬九千一百三十九美元。年輕時即肩負照顧職責的女性，日後變得窮困潦倒的可能性比一般人高出二點五倍。[6]

有些人不得不請看護來照顧家人，好讓自己的負擔輕一點。不過，看護人員的境遇也好不到哪去。這些工作者有百分之九十是女性，而且基於多項歷史及社會學因素，當中又以有色人種及移民婦女居多。美國居家看護在二〇〇八年的時薪為九點二二美元，這個金額不僅低於聯邦貧困水平，通常也不含福利、休假日或健康保險。[7]他們的所得太低，所以必須多方接案，長時間辛苦工作。他們幫我們照顧家人，但生活壓力大又不穩定。

政治哲學家南茜・弗雷澤觀察到，照護工作在過去兩百年間出現了很大的變化。[8]人類的經濟命脈一直有賴於無償的家事工作者。隨著西方社會在十九世紀的第二次工業革命，有些大人物提出了一種理想的家庭構造，也就是俗稱男主外、女主內的分工模式。然而，因為勞工的薪資太低，能把這種幻想化為現實的人卻寥寥無幾。而隨著福利國家的概念在二十世紀浮上檯面，有些倡議者便呼籲政府要制定「家庭薪資」（family wage），好讓負責賺錢的人能養得起另一名無償照護者。在這段時期，很多家庭依然離這個願景十分遙遠，但包含美國在內，已開發國家人民的生活水平皆已大幅提升。然而，自八〇年代開始，政府刪減了不少社會福利，薪資成長幅度也停滯不前，愈來愈多女性成為勞動人口。弗雷澤認為，社會安全網及就業環境的變化造就了今日的照護危機。如今，有很多家庭都在煩惱誰該負責照護工作、錢又該從哪裡來，但最後唯一可行的解決辦法就是咬牙苦撐。

窮得只剩下房

家事一籮筐！假如你的生活跟我們的受訪者一樣，那麼你的一星期會是這麼過的：週一到週五上班，每天晚上下班回到家都累得筋疲力盡，沒力氣做其他事情。在這幾天，家裡很快就會演變成災難現場。別忘了小孩這些破壞專家，他們會把災區便成萬劫不復的地獄。到了星期五晚上，在你為自己斟滿一大杯烈酒時，掉在地上的衣服、玩具以及小寶貝們散落一地的珍貴「藝術」作品，早已高到你的腳踝。你努力想保持冷靜以維持表面秩序，但絕對辦不到。

這些年來，男性負責的家事雖然有增加，女性做的卻還是比較多。同性伴侶在家事的分配上比較平均，但一旦領養或有了小孩，家事分配就會趨於不平等，就像異性戀伴侶那樣。[9]

一般家庭如何執行維護作業，主要是取決於可以花在上頭的經費有多少。有錢人家會僱用幫手來清掃家中環境及整理庭院。在城市閒晃時，憑著房子的外觀及周圍景物的狀態，一眼就能分辨出哪些地方住的是有錢人、哪些地方住的是窮人。富裕人家的門前是漂亮得宛如高爾夫球場的草坪，窮苦人家的院子則長滿了雜草，而且東禿一塊、西禿一塊。在某些社區，管委會會要求家家戶戶保持整潔，以免新來的住戶有樣學樣、不守規矩。

絕大多數的家庭都沒有錢請人幫忙，必須自立自強。不過，就如同我們在其他領域看到的，人們常常會習慣拖延或延宕維護工作。前幾年，我們兩人各自買下了第一棟房子，也親自面對隨之而來的大量維護工作。李準備在維吉尼亞州的黑堡（Blacksburg）置產時，和妻子聘請了一位在當地頗有名氣、評價很高的驗屋師鮑伯．皮克（Bob Peek）。皮克在新河谷（New River Valley）地區一帶檢驗過上千棟房子。他告訴我們，那是他的天職。

皮克當初在看到一篇新聞報導後決定要成為驗屋師。其內容談到，當地有名男子在購屋後才發現房子的地基不太穩固，而問題的源頭被地下室的一塊板子給遮住了。假使那名男子當初有找人驗屋，也許就不會買下房子，但木已成舟，那個問題也變成一場災難。男子沒有錢修理房子和付貸款，最終宣告破產，並與妻子離婚，人生當然也毀了。皮克意識到，他可以幫助這樣的人解決問題，這份工作值得他去投入。

稍早前，為了收集本書的素材，我們詢問皮克是否能採訪他，他的回答是：「呃，坦白說，沒有人在意維修！大家寧可花錢去迪士尼樂園玩，也不願意做好住家環境的預防性維護。」身為驗屋師，皮克見過各種因延期維護造成的慘況。就連一些極其簡單的事情，例如更換暖通空調濾網以及修理老化的屋頂，屋主也不願動手處理。皮克還曾在驗屋時踏破了客戶的屋頂。那位老太太平時沒有找人檢查屋頂，所以沒發現漏水處的木料早已腐朽。幸好皮克沒有因此受傷。「不過，真正嚇到我的其實是那個露台。」當他走在上頭進行檢查時，整個結構搖搖晃晃。「我心裡一直有陰影，深怕它會在家族聚會時垮下來。」

延期維護是個大問題，然而這個問題又因為二戰以來，美國房子的尺寸擴大而變得更加嚴重。一九五〇年，美國房子的平均大小為二十七點六坪；到了二〇一四年，已擴增為七十四點六坪。[10] 隨著房子變大，我們的債務負擔也跟著增加。二〇一九年，美國家庭負債金額高達十三兆兩千億美元，比二〇〇九年金融危機後的負債水平高出百分之二十一。[11] 其增加的債務有一大部分是來自車貸；房貸債務相當於九十一億，與二〇〇九年時的金額大致相同。房子變大、東西變多，維護事項就會增多，只是我們在購屋時會低估這些長期成本。

我們有位同事住過大城市，後來決定搬到鄉村風格的大學城生活。當地的房價非常便宜，所以她買下一棟佔地數英畝的大房子，還可以養馬並飼養其他動物。幾年後她離婚了，必須獨自維護那整棟屋子、穀倉、馬棚和一大片土地，或是得花錢請人來幫忙。這項大工程令她無力招架，但是她也脫不了身，當地出售的房屋都不符合她的需求。最好的辦法就是維持現況。幸好她有財力可以維持現況。

居家維護的問題十分普遍，而後果也非常明顯，特別是對貧困族群來說。維吉尼亞州住屋研究中心（Virginia Center for Housing Research）的專家梅麗莎・瓊斯（Melissa Jones）向我們說明，延期維護是全美各地，包括都市、郊區及鄉村地區所共同面臨的嚴重問題。自八〇年代起，嬰兒潮世代的薪資漲幅停滯，因此沒有錢好好維護房子。到了今日，千禧世代及其他年輕人要置產購屋時，買得起的房子都要花四萬至五萬美金來進行翻修及維護，然而這些隱性成本未必在事前就可以辨別出來，即使請人來驗屋也一樣。

對於生活窮困或是財務方面有困難的家庭而言，情況甚至更加嚴峻。有些人是所謂的「窮得只剩下房」，雖然有自己的房子，但是絕大多數的收入必須拿去償還貸款，因此沒錢可以維護房子。而維吉尼亞州克里斯琴斯堡（Christiansburg）的新河谷人類家園（Habitat for Humanity of the New River Valley）付出了許多努力，正是要解決當地社區的維護問題。

這個組織長期以來協助低收入家庭建屋。可是，在二〇〇八年爆發金融危機後，它遇到了兩大挑戰：第一，社會大眾不再捐款；第二，接受援助的家庭也停止付貸款，從而影響了後續的建造工程。

基於這些因素，人類家園便漸漸更改服務項目，一方面提供修繕服務，也教導居民學習維修與翻新的技術。組織成員也了解到，當地社區的住戶其實有非常大量的維護需求。後面我們將會介紹，人類家園後來開設了維修咖啡廳和工具借用中心，以方便居民前來借用家中缺少的工具。

二〇一五年，人類家園及其合作夥伴為了替人口數為九萬五千人的新河谷地區居民提供「老有所居」的改造服務，募得了八萬三千多美元的經費。這項計畫宣布開放申請時，遴選標準訂得相當嚴格，申請人必須年滿五十五歲，符合低收入戶資格，並以獨居女性、傷病者及輪椅使用者為優先服務對象。團隊希望在兩年內完成二十四戶居家改造，平均一個月完成一戶。

媒體在日後描述道，當地居民的反應「出乎意料地熱烈」。合作單位在開放申請後的前半年便收到一百零六份申請資料。值得注意的是，很多申請人並不符合標準，主要原因是未滿五十五歲，但家中真的有需求，所以還是遞出申請單。專案人員在審核資料時還發現了另一件事，雖然這項專案的主旨是改善居家環境，幫助老年人就地安居，但許多住宅長年失修、欠缺保養，所以需要修繕的程度遠遠超過了這項計畫所涵蓋的範圍。

黑堡的永續管理師卡蘿・戴維斯（Carol Davis）跟我們提到幾種居家維護問題的起因。最常見的是，過去幾十年負責維修家電、水電的男主人由於年老、健康衰退而停止這些工作；他們有時也無法放下自尊，承認自己的體力和能力變差了。而男主人去世後，他的遺孀或伴侶要嘛不知道他生前負責處理的事項，或者根本沒有能力接手這些工作。

不過，金錢還是最大的問題。專案的主持人發現，有許多申請人「愈來愈窮」。報導指出：「他們一輩子都是中產階級，晚年卻陷入貧窮的窘境，而原因通常是由於配偶過世、收入減少，或是自身的健康狀況不佳，需要支付昂貴的醫療費用。」他們在財務方面不堪負荷。「一些老年婦女真的會向上帝祈求，希望可以在房子倒下來、被壓死前先離開人世。」人類家園執行董事雪莉・福蒂爾（Shelley Fortier）這麼對我們說。

有些年紀較輕、經濟情況不佳的申請人也陷入了相同的困境。有位申請人原本打算靠著半工半讀取得社區大學的副學士學位，可是她生下了一位有智力障礙的女兒，一切的計畫就此落空。一開始，這位年輕媽媽以為社會保險及公立學校體制會負擔她女兒的照護費與教育費，但是她很快就發現，每個月的開銷比她兼差打工所賺的錢還多。如該報導所述：「她把工作辭了，好照顧女兒，大學也不念了，還搬到了更便宜的地方，以為屋況不佳的問題可以靠自己解決。結果她每個月入不敷出，住處有多處需要修繕，她很害怕要是再有什麼狀況，自己跟女兒就會無家可歸。」沒有錢的話，就算是屋頂破了一個小洞，也會演變成大麻煩，導致房子不能再住人。

許多人都生活在貧窮的邊緣，家中的暖氣、空調或供水系統都年久失修。透過這項專案，我們看到拖車公園的生活條件有多惡劣和苛刻。前述報導指出：

住民必須以租賃式購買（rent to own）搭配高利率（可高達百分之二十五），才能住進去移動式房屋。他們每個月還得繳納地租及水費。若沒有按時繳費，屋主便有權力將其收回，承租人將被迫搬離，之前投入的租賃金也將付諸東流。而屋主無須翻新或修繕，即可將此棟房屋租賃給其他人。

我們有充分的理由相信，很多需要居家改造及維修服務的人因為年齡及收入不符合標準而未提出申請。就比例上來說，假如維吉尼亞州新河谷區有一百零六的人面臨緊急修繕需求，那麼全美各地加起來也一定有數十萬、數百萬的家庭等待救援。

租屋族與住在社會住宅的人會遇到各種維修問題，因為他們無權掌控自己的生活環境。在華盛頓特區的哥倫比亞高地，有一棟大樓的住戶集體拒繳房租，因為房東遲遲不肯改善髒亂破敗的環境，除了老鼠、蟑螂等有害生物四處橫行，牆壁也有漏水和發霉的狀況；暖氣系統故障，大樓的電線經常短路、迸出火花等等。[12]據我們推測，那棟公寓因為受到政府管制、設有租金上限，所以房東打算用差勁的生活條件來逼走房客，以便賣掉整棟大樓來賺錢。對於租屋族來說，這些困擾有如家常便飯，因為房東老是敷衍了事，推遲或拒絕修繕。

社會住宅的居民更慘。社會學家丹尼爾．布雷斯勞（Daniel Breslau）發現，這些社區的衛生措施無法徹底消滅蟑螂等會散播疾病的害蟲，因為這根本是治標不治本。噴灑藥物可以暫時趕走害蟲，但牠們過一段時間就會再回來，而這樣除蟲公司才永遠有生意可做。

除此之外，社宅居民還要面對各式各樣的維護問題。首當其衝的是電梯故障，這在紐約及各城市引起了民眾的強烈抗議和輿論抨擊。電梯老是出問題的話，對老年人、身障人士等行動不便的居民來說，猶如被關禁閉，只能依賴他人協助購買日用品與糧食物資。

依靠社會福利度日的人、租房子的人、有房子的人，都因為各自的原因而得面對不同的維護問題，但是相同的是所有人都因此受苦。我們將於第十一章說明，雪莉．福蒂爾等人為了改善這些情況付出了多少努力。接下來我們要來看看，這些擾人的維護問題如何出現在日常的消費性產品上。因為有些公司刻意把電器及電子產品的維修方式搞得比修房子還複雜。

維修權運動

當前社會最異乎尋常的特點是，東西壞掉的時候，大多數人很少願意拿去修理。

從無數的實例看來，現代人所養成的丟棄文化，是晚近才形成。在歷史上大多數的時期，物品都是現地製造、現地保存。舉例來說，除了製造刀子、斧頭與馬車車軸，鐵匠也負責把這些物品保持在良好的狀態。古時候，衣物和家具都是以耐用為目的，款式的變化很慢，在不斷修補下，可以保存一輩子。歷史學家羅莎琳・威廉斯（Rosalind Williams）提到：「在世界上某些地方，平民所穿的服飾幾世紀以來不曾改變，例如祕魯的斗篷、印度的腰布、中國的長袍以及日本的和服。」[13]在這樣的文化背景下，日常用品是代代相傳的。

但隨著大量生產的技術問世，惜物的文化就被推翻了。首先，售價降低了，一般人也買得起烤土司機、收音機和電視。但是，等到商品的價格降到某個低點，人們便把它們視為消耗品。如今，與其花錢修理烤土司機，還不如直接買一台新的。

廉價商品唾手可得，我們的日常生活也就此改變。只要去一趟大賣場或上網路商城採購，家中馬上就會塞滿物品。今日一般人所擁有的東西又多又好用，而且在一百年前只有富人才買得起。就算是收入低的家庭，屋內也有成堆粗製濫造又多餘的便宜貨。

綜觀二十世紀建造的新房子，儲藏室的數量不但愈來愈多，有些人家還有衣帽間。除此之外，有百分之九十三的美國人把車庫當成儲藏室，甚至有百分之三十的屋主表示，車庫根本停不進汽車。[14]近年來，自助倉儲也很風行，相關產業一年的營業額已高達三百八十億美元；每十一個美國人當中，就有一人去租用這樣的空間。[15]

有些人無法再承受物品過剩的生活。二〇一四年，收納女王近藤麻理惠的著作《怦然心動的人生整理魔法》在美國上市之後，一躍成為超級暢銷書。儘管有人辯稱，近藤提倡的斷捨離哲學只適用於生活寬裕的幸運兒，他們能隨心所欲地替換物品，當然可以把東西丟掉或送人。[16]不過，這本著作會大受歡迎，也代表有很多美國人很煩惱，因為衣櫥、儲藏室與生活都被堆積如山的廉價產品給淹沒了。

暫且不論今日修理東西要花多少錢，想修理也不容易。困難點在於，很多日用品都有內建電腦，尤其是汽車。為了符合聯邦空汙標準，汽車製造商在八〇年代開始在車輛中安裝電腦，也很快就發現這項科技的商機。他們以此壟斷維修服務，迫使車主得找原廠才能修車，這就是消保專家所謂的「維修限制」(repair restrictions）策略。

到了二十一世紀初期，生產副廠零件的公司、在地的維修技師及汽車百貨業者的業績都不斷下滑。他們遊說國會通過汽車維修權法，但沒有成功，於是把目標轉向州議會。二〇一二年，麻州通過第一條汽車維修權法，從此以後，各家維修廠都有權取得消費者的保養紀錄，而不限於經銷商及特許車廠。為免各州祭出相同的法規，汽車製造商屈服了，同意以麻州的法規作為業界標準。

然而，進入二〇一二年，其他製造業也有樣學樣，開始用維修限制來創造商機。

就在那時，社會上掀起了維修權（Right to Repair）運動來反制製造業者，而主力推手就是維修指南網站iFixit執行長的凱爾．維恩斯（Kyle Wiens）。回到二〇〇三年，維恩斯還在就讀加州理工州立大學時，不小心摔壞了一台iBook G3。他決定自己動手修理，卻找不到線上維修手冊，所以在修好電腦後，他把過程放到網路與人分享。沒想到，那支影片的觀看次數非常多，維恩斯與友人路克．蘇爾斯（Luke Soules）便創辦了iFixit，希望「教會大家修理各種東西」。

維恩斯在日後得知，蘋果公司不但用《數位千禧年著作權法》（Digital Millennium Copyright Act）來逼迫網友下架維修影片，也會設法阻礙其他的維修管道。多年來，蘋果公司聲稱，消費者若將iPhone交由其他維修店家處理，保固條款即馬上作廢；因為後者會弄壞手機的構造，令原廠技師難以復原。維修權倡導者則主張，此保固條例不公平而且會誤導消費者，已違反一九七五年的《馬格努森—莫斯保固法》（Magnuson-Moss Warranty Act）。

施行維修限制的業者非常多，我們難以一一統計。近年來，為了保障包括維修權在內的消費者權益，美國公共利益研究小組（U.S. Public Interest Research Group）的內森・普羅克特（Nathan Proctor）展開行動。他調查了五十家已加入家電製造商協會（Association of Home Appliance Manufacturers）的公司，並發現其中有四十五家聲稱，消費者若將產品交由第三方維修，保固條款就會失效；這項規定明顯與聯邦法律相牴觸。

小商家、消費者與環境永續性皆會受到維修限制所影響。普羅克特提過，美國南部有位船東在經營觀光船，他擁有一艘配備富豪（Volvo）柴油引擎的大船，每趟可載運四十多名乘客。在某年的觀光旺季，他開船後卻發現引擎的轉速非常慢，只比怠速好一點。原來，船公司在淡季時找當地技師維修後，要先通過富豪原廠技師的「認證」，才能調整為可高速運轉。可是，離他最近的原廠技術人員很忙，而且要開車四小時才能抵達，所以事情拖了一個多月才辦妥。那時觀光旺季早已過了大半，船東損失了數萬美元的收入，但也只能找其他門路招攬生意上門。

消費者的負擔也會因為維修限制而加重。舉例來說，蘋果的產品維修費用每次至少一千美元起跳，但它又不准我們去找在地的商家修理。[17] 我們在前面談到，艾莉絲專案的胡普斯估算出，美國有將近百分之四十的家庭勉為其難才能達到收支平衡，如果手機或電腦突然壞掉，這樣昂貴的維修費用就會壓垮他們。

維修權倡議者強調，為了維持環境永續性與社群的價值，我們更應該反對維修限制。許多電子產品含有稀土及其他不可再生資源，但壞掉時卻不能維修、回收而必須拋棄。譬如說，蘋果公司長期以來都以玻璃黏合鋁來製成無法回收的產品，導致這兩種材料最終只能淪為廢棄物。前不久，在新聞網站Vice的主機板（Motherboard）專欄上，有作者指出，AirPod耳機非常危險，因為它不可維修、不能回收更無法丟棄，因為內含的鋰離子電池會引起火災。[18]

此外，製造商為產品提供的支援服務時間很短。二十世紀初葉，通用汽車導入了「計畫性淘汰」(planned obsolescence）的概念，也就是每年更換車型來刺激消費。近年來，電子公司也有類似的「強迫性淘汰」(forced obsolescence）做法。[19]某項產品經過多次生命週期後，公司便會停止支援與更新。除非使用者有能力維修與保養，否則一台運作良好的產品將就此報廢。正如普羅克特指出，美國人一天會丟掉四十一萬六千台手機。

當前的世界處於史無前例的進步時代，人類生活變得很富裕，日常物資也很充足（雖然財富的分配還是很不平等）。不過，我們也因此培養了浪費的文化，許多物品都是難修理又不耐用。

我們在前面幾章看到，現代人執著於創新論又不願意面對現實，導致各領域的維護措施都被忽視：公共建設失修、公私立組織愛講創新、維護人員被看不起、家用科技產品用過即丟。坦白說，現況令人擔憂。很多受訪者說，他們是用絕望的眼光看待這一切。我們理解這種悲觀的心情，也提醒自己要面對現實。不過，我們還有理由懷抱希望。幾年來，為了挽救這場災難，我們認識了許多出色的人，也因此得到許多希望。

我們堅信，一定有辦法加強公共建設的維護狀況，並提升各組織的維護觀念。在將來，人們一定能正視與補償維護人員的辛勞付出，也會在社區及家中營造出健全、有人情味又重視照顧工作的環境。我們需要更周全的管理方式及公共政策，也必須更實際地去實踐工作與生活。為了達成目標，我們必須凝聚、動員社會全體的力量，並落實維護、照顧及永續性的觀念。接下來我們會介紹許多令人感到樂觀的行動者以及他們的經歷。

The Innovation Delusion

第三部

第八章

維護心態三原則

我們在前面探討了無條件追求創新的各種毀滅性後果，不論是科技、健康、社會以及商業領域，各種維護措施都沒有妥善做好。

這聽起來很不妙。不過好消息是，我們將會向讀者介紹另外一種未來的可能發展。首先，我們必須意識到維護的重要性，致力於維持事物的良好運作狀態，並投入必要的時間、精神與資源。

在這一章，我們會介紹許多付諸行動、捍衛維護精神的有心人士。相較於前面提到的壞商人及壞公司，這些人可稱之為英雄。從很多方面來看，他們也是某種反英雄。他們不會用高調的態度投入維護工作，而是寧願在幕後努力。他們衡量成功的標準，是確保事物一如預期般運作。這個社會不需要英雄般的維護工作者，只要大家都擬定妥善的計畫、認真工作，再時不時發揮一點獨創力就好。

想要了解維護心態，你應該先問自己：什麼是好的、什麼是值得被保存的？這樣才能開始擺脫創新論。在創新專家的洗腦與恐嚇下，你總是在煩惱有哪些地方需要改變、顛覆。因此，我們想請你養成習慣，在檢視自己的工作、社交圈及生活時，多問問自己：什麼事情是有益的，又如何加以維護並把它們的價值延伸到其他領域？

在研究過程中，我們訪問了許多成功的維護者，也找來許多有志一同的保養與照顧工作者來舉行會議。從這些對話中，我們整理出了三項基本原則來養成正確的維護心態：

第一：維護令成果得以延續。

正確地執行維護工作，公司、城市和家庭才能長存與永續。換句話說，沒人做維護工作，創新的成果就會白費。

第二：維護必須基於良好的文化及管理方式。

擬定計畫時，必須考量組織的既有文化與價值，才有可能做好維護工作。

第三：維護的要務是反覆不斷的關照。

優秀的維護人員總是以扶助與支持的角度看待工作。他們注重細節、有創造力而且盡心盡責。

接下來，我們會按照順序逐一探討每項原則，這樣你就能了解維護人員的思考模式以及如何保持公司與社會的良好運作。

維護令成果得以延續

任何維護事項需要資源，這一點人人都很清楚，但公司高層或經理人應該期待多少投資報酬率，就沒什麼人知道了。手上資源有限的人，更想保存重要的事物，所以在道德上會支持維護概念。但是，大多數人卻沒有辦法單憑道德論證來下決定，所以得把成本攤開來看。

鑽研維護與可靠性的專業人員熟知這些問題的重要性，因而花了很多時間在統計投資報酬率，當中以仲量聯行（Jones Lang LaSalle）的報告最著名。這家地產商曾於二〇一五年闖進《財富》雜誌的世界五百強，並一路爬升至第一百八十九位，年收入超過一百六十億美金。該公司的專家分析了某大型電信業者的成本結構，包括一般開銷、維修頻率、維護作業以及所消耗的能源。該公司占地三十九萬三千四百坪，裡面有十五種類型的設備，包括空氣壓縮機、空氣處理機、屋頂和停車場等，而維修、更換零件、停工及能源消耗都是成本。

最後，專家們得出了驚人的結論，只要做好預防性維護，就能達成百分之五百四十五的投資報酬率，而當中最大的收益來自於設備的壽命延長了。以空氣冷卻機為例，更換一台的平均花費為三十五萬美元，而每年維護保養的費用為五千五百美元。延長冷卻機的壽命，就不用常花錢換機器或大修，還可以節能減碳；而提高能源的使用效率，就能減低其他的開銷。[1]

這項研究讓許多人看到預防性維護的價值，也是維護人員會津津樂道的成功故事。以下我們要介紹預測性維護公司「占卜術」（Augury）所提供的兩個實際案例。

第一個例子來自於專門製造大型家電的製造商。透過精密的感應器，占卜術公司偵測到其工廠有台壓縮機故障了，但其他的震動分析設備測不出來。幸好他們在機器失靈前發現問題，只花了七千美元就把機器修好了。假如不得不更換機器的話，購買零件和停工的損失加起來就要花二十四萬美金。

第二個例子是一家醫療器材製造商。占卜術的感應器偵測到，其工廠的空氣處理機運作有問題，但只要花三千五百美元修理馬達就可以了。工廠的經理估計，幸好他們在機器嚴重故障前查出疑點，否則修理費用及停工的損失加起來會超過二十萬美金。[2]

這些例子證明了「預防勝於治療」歷久不衰的重要性。儘管如此，大多數的公司高層還是很不願意撥出預算來實施預防性維護。軟體重塑公司Corgibytes的執行長安卓亞・古萊的說明簡單又生動：「屋頂漏水就立刻修理，否則等屋頂塌下來就得花大錢了。」[3]

在訪談中，無數的維修技師、工程師、護理師、工友、大樓管理員都向我們證明，妥善維護可以帶來顯著的投資報酬率。他們也都強調，關鍵就在於全心全意地做好工作。天底下沒有什麼神奇的軟體或是厲害的顧問公司能一下子解決問題、化險為夷。組織若不想做好維修工作，並改變內部文化及管理問題，只想依賴專家或系統來省錢，終將以失敗收場。因此，從根本上改變思維及處事態度，才能培養維護心態。

維護是邁向成功的強大助力。只要一談到成功，我們都會假定其成果是可以持續下去；若是一閃即逝，那有何意義可言？有些組織成立的目的是為了營利，有些是想要倡導安全性與可靠性，有些是為了保護文化遺產，還有一些是想推廣自己的正義觀點。以上這些成果都得來不易，若可以長時間存續、妥善維持就再好不過了。

我們看重維護工作，是為了提高產品的可靠性。舉例來說，電腦軟體問世以來，其可靠性便是工程師所關注的問題。網路斷斷續續的話，各種雲端服務就不管用，使用者便會怨聲載道；串流平台的電影播到一半中斷，那種掃興的感覺你我都懂。現代人透過聊天軟體和電子郵件保持聯繫，利用網路相簿來回味美好時光與打發時間，並運用行事曆來提醒自己必要行程。雖然程式掛掉和出現漏洞是常有的事，但在數位生活中，有些服務與架構可靠、運作順暢又很少故障，所以我們不曾注意到，有多少人在背後默默付出努力。

建構數位文明的代表性企業，如谷歌、亞馬遜、臉書、蘋果等，都投入了大量的資源去維護系統的可靠性。這些成功的數位公司爭相提高正常運作時間（uptime），可說是繼承了早期鐵路、石油、天然氣及電信產業的先人衣缽。那些公司非常成功，也將維護與可靠性深植於組織的例行作業中。我們在第三章看到，一八〇〇年代末期，路線主管與道路維護協會的專業人員為了確保可靠性，個個都奉獻了大把的時間、資源及創意。

來到二十一世紀的今天，Netflix開發團隊宛如昔日的路線主管，他們開發出一種方法來測試網路的可靠性，它叫做「混沌工程」（chaos engineering）。工程師會先在Netflix的生產網路中建立一套工具，名叫「混亂猴子」（Chaos Monkey），後者會隨機模擬故障狀況來測試系統的反應，以協助開發人員設計出有高度韌性的新功能。

曾在Netflix負責雲端解決方案及系統架構（Cloud Solutions and Systems Architecture）的伊茲萊夫斯基（Yury Izrailevsky）與塞特林（Ariel Tseitlin）生動地比喻他們以前面對的挑戰：

就算後車箱裡有備胎，你還要確定它有氣、你有工具可換輪胎。最重要的是，你知道換輪胎的方法。因此，無論是處理軟體或道路安全問題，最合理又有益的態度就是保持主動性。在深夜下雨的高速公路上，唯一能確保你妥善處理爆胎問題的方法，就是週末在家門口好好練習換輪胎的流程。[4]

Netflix工程團隊用盡全力，以確保你在觀看《內褲隊長歷險記》（The Epic Tales of Captain Underpants）時畫面不會跳動。你應該因此會得到些許安慰吧！更令人感到欣慰的是，肩負國家安全的人也是如此重視維護與可靠性。二〇一五年，美國國防部從五千億預算中撥出了百分之四十用在「作戰及維護」（operations and maintenance）事項。[5]事實上，在各項國防開支中，此項的撥款比例最高，高於武器採購、職員薪資，以及基地、設施和住房的建造工事。除了國防部資產之外，維持武器系統也需要花錢。二〇一八年，有作者在《紐約客》中敘述了相關概況：「在二〇一六年，為了保養自己擁有的兩百三十架F-15戰鬥機，沙烏地阿拉伯皇家空軍與美軍簽訂了價值二十五億美元的維護合約。」[6]

如你所知，要詳細列舉如此鉅額的開銷非常不容易。美國國會及國防部的轄下單位都對此提出相關報告。國會預算辦公室（Congressional Budget OfficeO）就研究過F-35戰鬥機的基地層級維修經費。二〇一七年，預算辦公室統計了二〇〇〇年到二〇一二年國防部的經費，其中作戰及維護的成本成長了百分之五十，主要項目為醫療照護、職員薪資以及外包出去的作戰與維護服務。近年來，國會都會嚴格審查軍事費用的支出，所以這些漲幅招來了國會山莊與五角大廈的側目。[7]

對軍隊而言，裝備及設施維護不佳的話，就很難達成其核心使命。國防部每年的開銷高達數千億美元，我們很難定義它的「成功」標準在哪。但至少從某方面來說，答案也十分清楚：軍隊準備就緒，隨時可以保衛國家。

然而，有報告指出，軍方的物資及人力基礎建設不斷惡化，而五角大廈對此感到十分擔憂。負責管理基礎建設的主管在二〇一八年向國會報告，國防部在維護方面的經費至少還缺一億美金，而且有百分之二十三的設施狀態「不良」，百分之九是「不堪使用」。

折舊的代價緊追著國防部不放，多項軍事設施已達可用年限，而有些基地的地下水受到汙染，得花錢疏通跟清理。全球戰略改變後，冷戰時期散布於世界各地的基地也得轉型和汰除。天災也前來湊一腳。佛羅里達州的廷德爾空軍基地（Tyndall Air Force Base）遭颶風侵襲，內布拉斯加州的奧佛特空軍基地（Offutt Air Force Base）遭洪水淹滅。為了因應氣候變遷，修繕的費用不斷增加，國防部嚐到了苦頭，不得不為往日的行動付出代價。二〇一九年，官員們請求國會增加經費，好讓五角大廈在未來三十年徹底解決積壓多年的基礎建設及延期維護問題。

矛盾之處在於，國防部是地球上擁有最多維護預算的組織，為何還是會捉襟見肘。我們先回到前文提過的問題：對於美國國防部來說，什麼是「成功」？不單單只是保國衛民，抑或是確保國防設施及軍需物資狀態良好，它還要顧及自己的職員與承包商，並讓全體公民和民意代表滿意，這樣才能得到國家稅收中的數億美金。國防部所受託的資源與責任非常龐大，所以各方人士皆可合理懷疑，五角大廈是否真誠而盡責，會好好完成份內的維護工作。

維護必須基於良好的文化及管理方式

想要有效了解維護心態，我們可以多認識埋首於維護工作、靠這一行維生的人，從他們的觀點來看這個世界。各行各業的專家、達人都會參與交流大會，除了聆聽激勵人心的演講，也集思廣益、共同面對問題，並與供應商及同儕搭建人際網絡。二〇一七年的納什維爾（Nashville）維護者大會就是這樣令人愉快的場合。

我們深受感動，因為與會人士都是勤勉、誠懇的工作者，也投入了許多熱情在追求維護與可靠性。更令我們吃驚的是，各種產業及領域都有維護工作者。每種組織都有負責維護及管體設施的團隊，餐廳、學校、監獄、汙水處理廠、鑽井公司、風力發電廠……當中都有重要的資產。

我們稍後會再回來談「資產」這個關鍵字。在我們參加維護者大會的那三天，有一句話特別引人注目，有好幾位講者在發表演說時都會提到，彷彿像迷因一般。

「愈簡單的事情愈困難。」（The soft stuff is the hard stuff.），那是什麼意思呢？簡而言之，這等於是公開承認，維護人員最艱鉅的挑戰並不在於技術面，比如檢修硬體、軟體或找出機器故障的原因。業界人士一致認為，最困難的部分在於工程師喜歡講的「軟實力」（soft skills），諸如溝通、時間管理、團隊合作精神等。維護部門的主管也發現，要說服員工改變做事方式、使用新軟體或與其他部門的同事友善溝通，並不是很容易的事情。透過正規的訓練，員工會更有效率，但想要建立健康的維護文化，主管就得組織部下、設定明確的方向，專注地運用技術和策略來解決問題。

維護領域的核心概念即是「資產管理」（asset management），也就是管理「有潛在或實際價值的項目、物品或單位」。[8] 從廣義來看，資產可以區分為財務資源、實體資源與組織資源三種，任何一個單位想要有效運作，三者缺一不可。透過資產管理的概念，公司或組織就能全方位地思考及調配手上的資源。

資產管理非常重要，不但是商業協會及研討會的重大主題，也是國際標準的重要項目。這個領域有好幾位廣受敬重的顧問，他們經驗老到，不但主持過各種維護計畫，也見識過不少慘痛的案例。

瑞奇·史密斯（Ricky Smith）正是這樣的人物。他在維護與可靠性領域身經百戰。他再三跟我們強調，調整傳動鏈條、替軸承上潤滑油等工作都不困難，真正困難的是改變行為。人類是冥頑不靈的生物，縱使眼前有更好的做法，也不會輕易改弦易轍。

在南卡羅萊納州土生土長的史密斯，第一次接觸到維護工作是在越戰時期，當時他在軍中擔任維修技師。退伍以後，他接連在埃克森石油跟煉鋁公司Alumax繼續擔任技師。我們在第三章提過，Alumax在七〇年代率先實踐了「世界級的維護工作」。瑞奇加入Alumax之後，便是在約翰·戴伊的手下工作。戴伊積極推動維護作業，並設定既定保養與臨時修理的六比一原則，他還發明管理用的電腦資料庫，並證明妥善維護能創造獲利並帶來可觀的投資報酬率。瑞奇認真學習戴伊的管理方式，後來又前去醫療用品公司肯達（Kendall）服務。這一路走來，他曾為全球超過五百家公司提供諮詢，也期待自己在維護上的專業來為世界帶來正向的改變：「我只希望儀器和設備可以照常運作，而人們能滿足而愉快地生活。」這番話帶有渴望助人的真誠。數十年來，他始終在幫助公司行號化解龐大的營運壓力。「設備沒有出問題，壓力就會少很多。這種難題任何人都承受不了。」

瑞克說，有位製造業的總裁請他去巡訪自家的一座工廠，因為它每年都虧損數百萬美元。瑞克抵達時，工廠經理卻請他吃閉門羹。他笑著告訴我們：「於是我打電話跟那位總裁說，那間工廠百分之百沒救了，不管是生產還是維護作業都完蛋了。在那種地方工作，員工壓力一定很大。於是我決定跟這位客戶解約，並請他不要再打電話給我了。」

事情到這兒還沒完。「過了半年左右，這位總裁又打電話給我。我勉為其難地再次與他合作。我請他把旗下的工廠經理和維護主管都叫來南卡羅萊納州的查爾斯頓。那邊離我家不遠有個度假村，而這些主管能住在裡面的小木屋。這樣一來，要是我再看到或聽到令人難受的事情，還可以馬上回家。」

幾個星期以後，那群經理來了，瑞克措辭嚴厲地給予警告：「我不是為了錢來這裡的，而是為了幫助你們。不光是你們的問題，你們也拖累了一起工作的夥伴。我真正的是擔心他們。而且股東會賠錢，都是因為你們。」

接下來先進行技能評估。「我請他們坐下來接受一項專家認證過的測驗，對象是用於工廠管理者，而且可以翻書作答。他們很快就進入狀況了。測驗完成後，我跟眾人說，公司果然處於危險的境地。最後，我們度過了愉快的三天。我給他們很多實用的建議。好幾年以後，那位總裁打電話來跟我道謝。他說我救了他的事業，以及所有員工的生計。」我們問瑞奇，他認為這個故事有什麼寓意，他說得很清楚：「問題的癥結很簡單。領導階層聽不進去別人的意見，所以底下才有那麼多人在受苦。」

瑞奇奉獻一己之力，正如其他數千名推動維護與可靠性的專家。他們對維護工作很有熱情，因為他們曉得，人們重視的事物因此得到保障，例如安全、正義或社會安定。換句話說，維護有助於達成更遠大目標。

舉例來說，美國的政治人物正在號召民眾支持綠色新政，這是一種既有遠見、影響範圍又廣的經濟轉型策略。老牌環保團體塞拉俱樂部（Sierra Club）表示：「我們能以此對抗社會不平等與氣候變遷的雙重危機。」有些公司則採納了「三重盈餘」(triple bottom line)的理念，除了評估常見的利潤門檻，也要衡量如何達成社會公平與環境永續的底線。

從這些角度來看，加拿大軟體開發商Fiix特別值得介紹。這家公司專門設計管理維護事務的數位系統。稍後我們會再談到它的用途與對組織的影響。不過就我們目前討論的主題而言，先從這家公司的價值觀談起，尤其是它如何看待維護與永續性的關聯。

Fiix在官網上寫得很清楚：「維護與永續性關係密切。維護公司的資產及基礎建設，就能減少廢棄物及碳排放量，並保護公司在基礎建設上的投資。」Fiix也強調，公司注重永續性的話：「不但能吸引頂尖的科技人才，而員工也會更有使命感，更加感受到工作的意義。」[9]

為了了解 Fiix 如何發展出這些想法，我們訪問了創辦人馬克・卡斯特（Marc Castel）。以科技創業家來說，卡斯特的出身背景比較特別。他告訴我們：「我是在農場長大的小孩，生活的樂趣就是從拖拉機拆下老舊的引擎並改造成越野車，或利用身邊一些有的沒有的零件做出新玩意兒。」

他說，Fiix 的員工都深受維護精神的鼓舞，所以才投入這一行。而他會成立這家公司，與他年少時期的志向有幾分關係：

> 我們聚在一起，是因為大家擁有更崇高的目標，也就是透過更好的維護和照護工作，讓這個世界能永續發展。加入我們公司的人，百分之百都是為了參與這場革命來保護地球，並抵抗氣候變遷、環境惡化、資源耗竭的威脅。他們鬥志高昂，也覺得維護工作者是英雄。

馬克的熱情和感染力一眼就能看出來，所以客戶、投資人和員工都願意追隨這個願景。他強調：「我們不只是一家軟體公司，也是追求永續性的組織。在我們心中，永續性與維護指的是同一件事。」

Fiix有位職員專門負責將這份願景體現為三重盈餘的數字。凱蒂・艾倫（Katie Allen）是該公司的企業社會責任（corporate social responsibility）經理。她告訴我們，百分之八十五的員工會前來面試，都是因為看中Fiix對永續性的重視與公司文化。這樣的價值觀也果真為公司帶來了良好的業績。Fiix將其年收入的百分之六歸功於自家的企業社會責任。在二〇一七年和一八年間，有百分之二十的客戶表示，他們會購買Fiix的產品，就是因為這家公司的公益表現。

具有良好維護文化的組織和機構，其領導階層必定都認同維護的重要性。像Fiix這樣的組織，其創辦人都深刻了解維護的重要性。不過在大多數的機構中，領導人還是要親身體會，才能理解維護作業的必要性。以下以一個我們最喜歡的例子來說明。某一年，威得恩大學（Widener University）要整修辦公大樓，所以校長茱莉・沃爾曼（Julie Wollman）得先搬到另一間臨時的辦公室。那時她才見識到校內有許多不好的硬體條件和設施。她在反省與檢討後表示：

妥善維護校園環境並不容易。但只要你進入校園，不論你身處於哪一棟建築物裡，都應該要享有良好且整潔的空間，這樣才會感覺到自己備受尊重與歡迎。此後我們都應該注意到，包括校長室在內，每位教職員的工作區域都應該要好好維護。[10]

經過多年的觀察，我們發現許多案例的癥結點都是取決於其組織能否改變一貫的做法。而唯有獲得領導階層的支持，成果才能夠長久維持。當他們了解到延期維護的嚴重性時，就已跨出那最艱難的一步了。

維護的要務是反覆不斷的關照

終於談到最後一項原則。維護人員若能專注於工作、不斷改進做法，並運用好奇心和獨創力，就能發揮最大的效力。從維護工作的發展史來看，無論是要開發出更好用的工具、推出可供專家交換意見的論壇或是設計出用來記錄的試算表和應用程式，皆是如此。

雖然我們並不認為創新可以解決所有問題，不過還是認為，創新發明要能派上用場，維護工作必不可少；而為了保持良好的運作狀態，公司或組織也必須推出更多的創新發明。

我們在第三章介紹過，CMMS於八〇年代問世後，各公司維護工作的執行與管理都更好了。一開始，各公司都自行設計CMMS，後來才改向軟體公司購買。它們採用並不斷優化這類系統後，就體驗到反覆關照的好處。

本質上，CMMS是用來記錄設備的維護狀況及工作進度。使用者可以用這個資料庫來安排工作項目及採購任務，並記錄維護工作的排程，包括編列預算、採購、運轉和停機時間、工單、維修作業的時間（wrench time）等。需要注意的是，CMMS跟其他資料庫沒有兩樣，是一種強大而靈活的工具，而其效力完全取決使用者如何將其導入組織的工作流程。

用數位工具來解決成本高又無所不在的問題，這種益處對投資人很有吸引力。市調公司QYR最近公布的一份報告指出，二〇一八年CMMS的全球市場價值為七億八千七百萬美元，到了二〇二五年預計將成長一倍。[11]主因是勞工的結構改變了，大多數的員工都熟悉並依賴數位科技，更具行動力，也更多樣化，而CMMS能滿足不同管理方式的需求。

二〇一四年，萊恩·詹（Ryan Chan）在加州成立UpKeep。畢業於柏克萊大學的萊恩原本是化學工程師，某天他必須協助某團隊縮短一座水資源處理廠的停工時間。萊恩在市場上四處搜尋後發現，沒有一種產品可以實踐他的構想，於是決定自己動手設計。他精準地觀察到，維護人員不會整天坐在辦公桌前，他們在工作場所走動時，通常會攜帶智慧型手機或iPad。但是，市面上的維護軟體不是用來搭配行動裝置的，所以維護人員必須先在紙本上做紀錄，再走回辦公室將資料輸入CMMS。萊恩依據「行動優先」（mobile first）的原則設計了維護專用的應用程式，如此一來，各個分工小組才能快速傳回故障資訊。這款產品也搭載了幾項傳統的CMMS功能，例如工單、作業流程及資料分析，而使用者就可以從反應性維護進步到預防性維護和預測性維護。

萊恩思慮明快、富有感染力又樂觀，馬上贏得了加州知名育成中心Y Combinator的支持。二〇一八年，UpKeep繼續在A輪融資中募得了超過一千萬美元的資金；風險基金（Emergence Capital）認為UpKeep有極大的潛力可以觸及「無辦公桌的勞動人口」（deskless workforce），所以願意全力支持。萊恩告訴我們，許多設備管理人跟維護人員都發現這款應用程式很好用，進而成為UpKeep的支持者、並推薦給管理階層。這就是他們找到新客戶的方法。

在CMMS領域中，有另一家公司稱得上高瞻遠矚又有創造力，就是我們前面提到的「占卜術」。這家新創公司是由約斯科維茨（Saar Yoskovitz）和紹爾（Gal Shaul）兩人合力創辦的。他們是以色列理工學院的同窗，在校時就很渴望自己創業。畢業後，他們合租一間公寓，不久後便找到可以大展長才的領域，他們稱之為「機器健康」（machine health）。那時，紹爾在一家醫療儀器公司擔任軟體開發人員。有一次，他前去客戶那裡找出儀器無法運作的原因。一進到器材室，他馬上就聽出來那部儀器的風扇全都堵塞了。雖然他是軟體開發人員，但還是為客戶清洗濾網、解決問題。

紹爾那晚回家來後，他跟室友說：「我聽得出機器有問題。但為什麼我寫的程式沒辦法讓電腦辨識出這一點呢？」約斯科維茨是分析音訊的專家。兩人很快便開始研究如何從聲音來診斷機器的故障問題。約斯科維茨表示：「這對一般人來說是很自然的事情。我們聽得出車子行進時有雜音，也聽得出冰箱的運轉聲音怪怪的。可是不知道為什麼，市面上沒有任何一種儀器能主動偵測問題。」

接下來幾個月，兩人調查了不同產業，包括貨運、溫控運輸貨櫃等極須仰賴機器健康的領域。他們很快就發現，先研究商用不動產，例如辦公大樓及購物商場，再以它們的相似度為基礎，開發複雜的演算法來預測機器健康。約斯科維茨所說：

> 每間工廠都會有不同之處，它們有各自的客製化機器，操作方式也不相同。但幫浦就是幫浦，在一棟大樓裡面可能安裝了幾千萬個。跟工廠的大型生產線機器比起來，幫浦的結構簡單多了。所以我們決定從它開始下手。

他們的第一款服務，是在幫浦上裝設感應器，以收集和分析數據，並迅速回傳分析結果，好讓客戶知道何時機器該換更換軸承，或是對馬達做平衡調整。感應器連接、公司伺服器的機器學習以及即時診斷，這三種不同技術的結合，遂成了占卜術的招牌作業方式。換句話說，占卜術是一家軟體公司，也是一套系統，可用來記錄工單及存貨清單，還整合了CMMS的傳統功能、實體感應器及預測性分析。

他們因此成為「物聯網」（Internet of Things）的領頭羊，而奇異等工業巨頭不斷投入資源在那個領域。在物聯網的世界裡，使用者能在網路上連結任何裝置或機器設備，包括嬰兒監視器、冰箱、汽車。有家市調公司發現，預測性維護可以縮短停工時間及提高安全性，而且物聯網的市場價值將於二〇二五年達到九千五百億美元。[12]借助物聯網所產生的龐大數據並分析其含意，公司就能提供最新的意見回饋和資訊情報給客戶。[13]

創新論正在入侵預測性維護領域，縱使我們能打消對它的疑慮，許多公司還是會推出創新的維護方法。關於「第四次工業革命」的話題，我們的意見可多了。[14]不管是哪種類型的維護需求，客戶都想要有一套靈活而有彈性的系統，它以數據為基礎、有雲端架構並搭配行動裝置。他們希望這個世界更穩定、永續發展且維護得當。但是，這個願景單憑科技是無法實現的。唯有透過勤奮工作和反覆關照，才能成功打造出那樣的世界。而正是這樣的創造力，激勵了約斯科維茨和紹爾寫出「聽得出」風扇阻塞的軟體程式。

放眼未來

儘管我們十分不耐，因為被迫生活在充斥著創新迷思的文化中。然而，看見各行各業的人們學會把眼光放遠，我們還是感到樂觀而有希望。不管是藍領階級或薪資優渥的高階主管，都開始培養維護的思維。舉例來說，創立於一九九六年的恆今基金會（Long Now Foundation）便是以「推廣長線思維」為宗旨。基金會的總部位於舊金山，其領導階層包含了多名科技界的智囊，包括觀察家史都華・布蘭德（Stewart Brand）、計算機先驅丹尼・希利斯（Danny Hillis）以及《連線》雜誌共同創辦人凱文・凱利（Kevin Kelly）。此外，在美國資本主義的核心產業，越來越多人在倡導長線思維。二〇一九年，美國各大企業執行長所組成的「商業圓桌會議」(Business Roundtable）呼籲商業人士放下季度獲利報告。這份聲明獲得一百八十一位執行長聯署簽名：「上市公司不該緊追著最新的市場預測，而該把目光放在長遠的繁榮。」[15]

只要提到維護心態，我們就會活力充沛，因為當中有非常多重要的事情。透過這樣任務，大家能通力合作、建立連結，還能支持彼此的目標、關心對方的經歷。從許多方面來看，保持維護心態，就能破解創新的迷思。否則在錯誤信念的影響下，我們會誤以為追求創新和新奇就能邁向成長及獲利的天堂。但實際上，人們只會因此忽視基礎保養的重要性，並不斷累積延期維護的問題。在成長的迷思下，勞工的身心日漸倦怠，社會剝削和不平等的情況日益加劇。

因此我們才要擁護維護心態，並高舉「維護令成果得以延續」的第一原則。首先明辨哪些東西是有益、必須維持不變的，就能透過維護作業來延續。若你能了解到，維護是投資而不是成本或開銷，就更能認同與支持維護作業。最後，堅守維護觀念不代表抗拒創新，而是更懂得善用創新與改進來支持核心價值觀，並且獲得更深層的工作意義。在本書的最後幾章，我們將會介紹更多範例，讓讀者認識更多達人和組織，他們正在運用維護心態來挽救社會對於權宜之計的依賴。

第九章

先修理再說：改變大撒幣的政治文化

二〇一三年，魯迪．周晉升成為巴爾的摩公共工程部部長，並接管該地的水資源系統，以他自己的話來說，他面對到的是「現代公用事業有如噩夢一般的挑戰」。不過，問題並不是出在硬體設備。據他所說，那座城市擁有一套「非常令人讚嘆的系統」。舉例來說，施工單位在建造整個系統時增設了多條備用管路，若必須關閉某條水管時，就能透過其他管路持續供水。

巴爾的摩所面臨的真正問題是累積了幾十年的延期維護。「從六〇年代、七〇年代、八〇年代甚至到九〇年代，政府只知道要大興土木，」魯迪告訴我們：「他們花了很多錢在擴建新的系統，卻很少去思考那些埋在地下的管線該怎麼辦。」結果，有延期維護問題的地區不斷擴大。魯迪很快地指出，巴爾的摩並非唯一遇到此窘境的城市。「我跟全美各地的同業交流後發現，我們全都面臨了一樣的問題。」

有別於許多公共工程部門的高階主管，魯迪不是政治人物，而是滿懷熱情地自詡為工程師，所以他最注重理性的預先規劃。「公用事業領域有兩種思想流派，」魯迪告訴我們：「第一種人認為，東西等到壞了再修理就好。第二種人則採取積極主動的態度，也就是說，我們應該超前部署，預測故障率、確定工作項目的輕重緩急，以防範意外情況發生。」讀者應該猜得到，魯迪是第二種流派的忠實信徒。

為了克服延期維護與管路老舊的問題，魯迪必須做出很多艱難的決定，最困難的便是要設法打平收支。因此，為了解決迫在眉睫的延期維護問題，他不得不調漲各項資費。魯迪說：「市民都不希望調漲水費，但是作為專業人士，我們無法逃避現實。總得要有人成熟地肩負責任。而我們選擇挺身而出。我們當然知道漲價會引發眾怒，但我們深信這是正確的決定。」

魯迪在二〇二〇年二月退休了。而他在擔任部長期間所留下的功績之一，就是深刻改變了公共工程部的文化風氣。「過去我跟大家一樣，對維護事項都採取被動的態度，反正東西壞了修理就好。但我後來努力地改造這種有礙進步的文化，而是鼓勵大家積極進取、找尋問題。」他說。他的領導哲學以資產管理為基礎，也就是系統性地監測、關照與分配各項資源。撇除其他的結構不說，巴爾的摩的水路系統囊括了六千四百公里長的淨水管線、四千公里的汙水管線，以及一千九百公里長的暴雨排水管線。每一點六公里的管線更換成本是兩百萬美金，因此整套系統換掉要花一百五十億美金。魯迪解釋道：「從策略上來說，我們拿不出一百五十億美金的經費，而且一次把舊的系統全都換掉也沒什麼道理。我們想採取有前瞻性的做法，第一年先更換部分比例的管線，做完後隔年再換下一批。」

總體來說，魯迪與工程部的其他同仁都認為，眼前還有理由可以抱持希望。過去八年來，巴爾的摩每年調漲水費的幅度幾乎達到兩位數。但是，當他們推算出未來七年、八年和十年平攤下來的開銷時，他們發現水費的漲幅「只比通貨膨脹稍微高出一點」。從工程師的角度看來，這樣的預測水平是夢寐以求的穩定狀態，不但能解決延期維護的問題，還能維持系統的良好運作。「我們就快要成功了，」魯迪對我們說：「我們正努力為這座城市打造穩固、紮實的基礎以及立足點。只要我們堅持下去，就能有效控管各種故障和緊急情況。」

城市是混亂的集合地。在魯迪退休前一年，巴爾的摩的市長凱瑟琳．皮尤（Catherine Pugh）被爆出貪汙醜聞，在二〇一九年年初引咎辭職。不久後，市政府的電腦系統遭到勒索軟體攻擊，導致公共工程部發給市民的水費帳單延後三個月才送達。維護人員必須設法與現實搏鬥，而且就算在理想的情況下，世上總是有許多複雜、充滿不確定性的難題。更何況，目前許多都市的現況都很糟糕。

公共工程部多年來不斷調漲水費，漠視大眾的不滿，所以在二〇一九年被廣大市民與市議會嚴厲批評。過去四十年來，搬離了巴爾的摩的白人越來越多，而市政支出只能讓生活條件不寬裕的黑人居民來承擔。「有些家庭必須從收入中拿出百分之八來繳納水費，這真是相當大的開銷。」科蒂・蒙塔格（Coty Montag）這麼說，她是全美有色人種協進會法扶部的副主任。[1]事實上，延期維護的費用該如何處理又該由誰來支付，是美國懸而未決的社會正義議題。

我們介紹魯迪・周的故事，並非要讚揚他的做法是萬全之計，管理基礎建設的單位總有可批評之處。巴爾的摩公共工程部還是有無法解決的問題。但重點在於，魯迪擔任部長時所採取的做法，剛好能顯示上一章所介紹過的維護心態。無論哪種組織，若是肯擁抱維護心態，那員工和客戶都能受惠。政府在評估舊的基礎建設、規劃新系統時，若能將維護作業擺在第一位，肯定也能得到許多益處。

面對延期維護的問題，若從維護心態來看，有兩件事需要先解決。第一，認清我們目前的處境有多糟、多殘酷。第二，提前計算維護的成本。接下來我們將會了解到，想完成這兩個任務會遇到多少阻礙。在大部分的情況下，我們根本無從得知和衡量基礎建設的整體狀態，包括哪些系統需要注意、哪些系統的維修費用有多高。所以，為了要開始有所作為，我們必須加緊腳步。雖然普遍說來，前景令人難以樂觀起來，不過正如魯迪・周及其他專家的努力成果所示，成功既非遙不可及的幻想，未來也絕非毫無希望。

數字會說話？

我們在第四章提到，過去幾十年來，「基礎建設政策」所涉及的都是興建新設施，而非保養與維護既有的設施。不過，鑽研政策及政治的專家漸漸意識到這項方針的失誤。康乃爾大學「基礎建設政策計畫」（Cornell Program in Infrastructure Policy）主持人瑞克．葛德斯（Rick Geddes）說：「二十一世紀人類的首要挑戰不在於建造更遼闊和更新的道路系統，而是要妥善照料已有的一切。」[2]

認同這種新觀念的人，便率先喊出「先修理再說」（Fix It First）的口號。美國人究竟需要多少新的基礎建設，各方人士的看法不一，但至少從核心概念來看，在建造新設施前，應該先維護與維修既有的系統。

然而，再往下深究的話，應該從何處先著手進行翻修，這樣的問題就很棘手了。原因在於，全國各個基礎建設的狀態沒有一致的標準，官方也沒有統一的資訊。華府智庫「兩黨政策中心」（Bipartisan Policy Center）集結了美國兩大主要政黨的優質理念，它在二〇一六年公布了〈合力消弭差距：推動美國基礎建設現代化的新模型〉（Bridging the Gap Together: A New

Model to Modernize U.S. Infrastructure）報告書，並提出如下的建議：

> 針對所有公共資產的物理條件及經濟狀況建立標準一致的清單。公共資產包括交通基礎建設（街道、橋樑、車站、港口）、水資源系統、民生建築（學校、法院、會議中心）、閒置土地以及未充分利用之地產。[3]
>
> 本中心主張，評估項目應該包含各項資產的可用壽命、維護成本、維修成本以及故障會引起的潛在影響。[4]

透過這幾種評估項目，官員及民意代表變成依據各項設施的實際需求來制定政策，並優先編列預算。

政府若能在各地進行這些評估，應該能得出發人深省的結果。基礎建設的實際成本及其維護費用之所以不會顯現在帳目上，主要的原因是出在會計作業。美國各市府雖然不用將基礎建設列為債務，卻還是要設法加以維護。有很多基礎建設擁護者，包括「強韌城鎮」的查克．馬羅恩以及兩黨政策中心的成員，都在設法改變這一點。我們之前談到，根據馬羅恩的估計，路易斯安那州的拉法葉市得籌到三百二十億美元才能妥善維護基礎建設，然其課稅基礎卻只有一百六十億美元。在多年的研究及造訪全美各地後，馬羅恩相信，當地的財務困境是全美各地的普遍現象。

但要改變會計慣例的話，短期內大家都會很痛苦，美國許多城市的帳目會馬上掛滿赤字。但唯有這麼做，我們才能實際掌握現況、找出問題，即使目前只能按照事態的嚴重性挑選優先處理的事項。兩黨政策中心的吉兒．艾徹（Jill Eicher）認為，改變會計慣例所出現的災難，會像前幾年公務員退休金出現資金缺口的情況。[5] 各州政府原先未將退休金列為債務，直到二〇一二年會計規定改變後。此事引發了驚人的後果，許多州政府和市政府當時已面臨破產的關頭，包括密西根州的底特律和弗林特，而退休金計畫就是它們最沉重的負擔。儘管如此，實際去計算這些花費才是正確且誠實的做法，而規劃基礎建設時也應如此。

不過，憑數字說話的方法還是有其限制。首先，基礎建設有很多種，衰退程度各異，很難制定出一套每種設施都通用的評估標準。舉例來說，政府經費有限，必須在維護道路、水壩和學校做出選擇。可是，我們該如何衡量它們對人民生活的重要性，又該如何比較其品質劣化的程度？再來，一項設施的維護成本與對人民的精神價值，也有顯著的落差。居民會對某條路情有獨鍾，是因為沿路上有遼闊的美景，還可以通向絕佳的釣魚地點，所以即使那條路對地方經濟沒什麼貢獻，維護起來也很花錢，當地人對它的重視依然不減。正如歷史學家傑瑞・穆勒（Jerry Muller）在《失控的數據》一書中所示，過度的量化評估可能會助長不健康的心態，人們會變得只關心如何取得好成績和漂亮的數據，而非用心去維護具體的設施或制度。

最後，我們也應該要坦白承認，在傳統上，基礎建設的經費都是來自於政治上的利益交換。舉例來說，民意代表間會互通有無，好替自己的選區爭取資金及專案計畫。話雖如此，我們還是同意基礎建設維護者的看法，並學會更精確地計算開銷。有了這些數字，我們就能要求政治人物履行守成的責任，而不是一味地建造新設施。

評估未來的代價

如果你問查克・馬羅恩，他對於地方的基礎建設有什麼建議，他會沉默以對。他的中心思想是，沒有什麼萬用方案能解決所有問題。他給都市規劃師及一般民眾的建議是：多留神注意社區中微小的細節。也就是說，除了開車到中小型城鎮看看，也要實際下車走走，感覺一下當地環境給你的感受，看看為什麼有些街區會發展得比較好、各社區的連結是否密切。你也可以觀察一下，基礎建設（如馬路）是否會影響社區的氛圍。

馬羅恩提到一個假設性的場景。比方說，他所住的城市裡有個貧瘠的街區，裡面既沒有雜貨店，也沒有其他購物及民生活動空間。那麼，我們是應該設計一條漂亮的人行道來彌補這個街區的活動空間？還是規劃一條新的公車路線？還是提供補助、鼓勵民眾開設雜貨店？我們都曉得，沒有完美的解決方案，而每一項決定（包括放著不管）都有連帶的成本。主管機關只有留心觀察社區的各項細節，才有可能造福居民；光是在城外的公路旁設立一排商店街無濟於事。

馬羅恩再三強調，謹慎行事非常重要，這也是強韌城鎮想傳遞的訊息。地方政府在動用聯邦的資金、準備建造新的基礎建設前，應該要三思而後行，再多考慮個十遍也無妨。地方機關雖然可以向聯邦申請補助或低利貸款，但建造新設施後，居民的債務和負擔也會增加。

在今日，一項新的基礎建設值不值得為它支付後期成本，我們很難事先判定、甚至毫無頭緒。舉例來說，某個地方政府最近把州立高速公路的一個繁忙交叉路口改成苜蓿葉型交流道。老實說，那段新的交流道蓋得很漂亮，而且用路人不用再等紅綠燈，壅塞的情況減少了，行車也變得更安全。不過，我們真值得為這些好處支付後期成本嗎？畢竟，二十年過後，那段砸了幾百萬美金建造的交流道一定會變得非常破舊，需要花大錢整修，搞不好整個結構都要換掉。這樣值得嗎？在興建之前，沒有人知道答案。

馬羅恩相信，全美各地對於這樣的問題都缺乏認知，也不曾仔細衡量過便利性的代價。

馬羅恩曾在自己的部落格上談到，過去幾十年來他家門前的鄉間小路一步步拓寬，先是連接到主要幹道，最後再銜接上高速公路的交流道。他以一條十八公里的路段為基準，做了幾項基本估算。他發現，這些延伸的基礎建設加總起來，路程的時間可縮短一分三十五秒，但地方的債務卻增加了數百萬美元。[6]二戰以後，為了社會進步，政治家與科學家做了許多偉大的實驗，我們的做事方針也隨著改變，但從來沒有人權衡過當中的優劣利弊。

聯邦政府的職責

查克．馬羅恩的立場偏向自由派，他覺得聯邦政府無力改善美國的基礎建設問題。我們問到，對於聯邦所規劃建造的代表性基礎建設，如胡佛水壩或州際高速公路系統，他有什麼看法。他說，如果他生在那個時代，是絕不會贊成這些計畫的。就胡佛水壩來說，馬羅恩提到了環保人士馬克．瑞斯納（Marc Reisner）所寫的《凱迪拉克沙漠》（*Cadillac Desert*）。瑞斯納總結道：「如果說歷史有什麼教訓的話，那就是我們再也無法像美國西部那樣，如此高度依賴水利建設來取水。」[7]在馬羅恩看來，聯邦濫權加上中飽私囊，才會建造出這些無法永續經營的設施。

不過，就算你不認同馬羅恩對聯邦政府的看法，也能學習他的思維角度。我們都認為，各級政府應該更積極地設法解決眼前的問題。我們也相信，用於基礎建設的聯邦資金，應該以維護作業為主，而非建造新系統。因此，就目前的境況而言，「先修理再說」應該成為美國基礎建設政策的口號。

請留意，我們所說的維護就是字面上的意思，也就是保護已有的設施。可悲的是，官方在擬定政策時，都是拿維護來作為「升級」的煙霧彈，包括拓寬車道、架設新的交通號誌與行人管制系統。有些改變很好，但必定會增加技術債。我們必須要清楚區分，哪些作業是在維護系統，而哪些作業是在擴增系統，進而加重全民的負擔。（補充說明一下，有幾種升級作業確實可歸為維護事項。比方說，增設無障礙設施確實要花很多錢，但這麼做是正確的。）

新建設當然有其必要性。美國土木工程師學會成員丁哲斯（Casey Dinges）曾協助設計基礎建設報告卡，他明確指出，美國每年人口成長率約為百分之一，也就是說，每七十年便會增加一倍。這事實終將來臨，我們該如何做好準備？有些新計畫無疑能有益於經濟成長與人類福祉，但現下的建設大多是政治分贓的結果，我們得更有智慧，才能安排與執行這些計畫。

聯邦債務是否真的有那麼重要？這些負擔是否會構成問題？對此不少專家學者都在熱烈討論。有些人認為，聯邦應該撥出更多經費在基礎建設上，包括更新現有的系統，使其符合最新的建築法規。但光靠聯邦資金也無法支撐未來的發展，州立機關及地方單位也必須負責維護這些設施。因此，美國人民需要做出更有智慧的選擇。

向日本與荷蘭學習

科技史及維護史的頂尖學者大衛・艾傑頓（David Edgerton）幾年前跟我們談到美國基礎建設的慘況，還特別提到紐約市醜得出名、外觀破舊不堪的賓夕法尼亞車站（Penn Station）。相比起來，歐洲的火車站為什麼可以保養得比較好、比較美觀呢？「這個嘛……」艾傑頓停頓了一會兒後說：「呃，你有沒有聽說過有一種東西叫做市民自豪感（civic pride）？」

艾傑頓也許只是想逗逗我們，不過這番玩笑話不無道理。我們一再見證，維護與做事的標準會隨時間有大幅度的改變。它們也會因文化而異。假如你問那些關心基礎建設的人，有哪些文化或國家的維護作業做得特別好，他們經常會提及幾個範例。

日本從一九六四年開始經營新幹線高速鐵路系統。它的效率與安全性宛如奇蹟一樣，而這要歸功於它的維護作業做得非常徹底。新幹線自運行以來，從未發生過死傷嚴重的意外，僅有過兩起列車出軌事件；一次是因地震引起，另一次則是因暴風雪引起。（相較之下，維基百科上的「美國國鐵意外事故列表」還真是落落長啊。）最高行駛車速達每小時三百二十公里的新幹線，列車平均延誤時間不超過一分鐘，誤點超標的情況只曾發生在一九九〇年。二〇〇二年，新幹線的平均延誤時間只有二十二秒。[8]

美國乘客要是知道有這樣的高水準表現，肯定會沮喪地落下淚來。美國載客量最高的東北區域號列車（Northeast Regional）只有百分之七十五的車班準時，而長途跨州路線，例如帝國建設者號（Empire Builder）和加州微風號（California Zephyr）的準點率只有百分之二十點九。[9]美國國鐵的列車會常誤點，是因為基礎建設及系統老化之故。截至二〇一九年一月為止，國鐵列車平均服役時間已有三十三年。[10]而且，列車行駛到特定路段時必須減速慢行，因為鐵軌的維護狀況很差；某些路線甚至是出了名的爛，乘客只能一路忍受車廂顛簸晃動。

這一切都和新幹線形成了鮮明的對比。日本鐵路公司對維護作業有特別的榮譽感，而它最引人注目的創舉，是暱稱為「黃醫生」的檢測列車。它的外觀覆有亮黃色烤漆，並配備半自動化系統及監測設備，可以詳細記錄鐵軌狀態。這款列車深受乘客喜愛，是維護鐵路健康的重要象徵。鐵道迷相信，遇見黃醫生會帶來好運，因此經常在網路上熱切分享它的身影及所在地資訊。[11]

新幹線能如此成功，對服務的高標準是一個原因。美國國鐵若真的在乎列車平均延誤時間是否會超過一分鐘，今天的服務品質一定會更好。光靠高標準還不夠，全民想要擁有優質的公共建設，也必須具備優良的價值觀。關於這一點，我們可以從另一個著名基礎建設維護典範中清楚看見，即荷蘭的防洪系統。

一九五三年，荷蘭經歷了一場毀滅性的洪水浩劫，在那之後便建造了舉世聞名的三角洲工程（Delta Works）。這個由水壩、堤防、水閘、防洪堤及其他壁壘結合而成的大型系統，是美國土木工程師學會選出的世界七大工程奇蹟之一。三角洲工程通過了時間的考驗，自從興建完成後，荷蘭就不曾再發生過重大水災，儘管它大部分的國土都低於海平面。荷蘭自此成了國際公認的水資源管理專家，它所具備的相關知識與技能，也成為在國際上對外援助的強項。

舉例來說，卡崔娜颶風重創紐奧良粗劣的堤防系統後，路易斯安那州便有很多建築師、城市規劃師和政治人物去跟荷蘭人學習應對之計。[12]紐奧良的建築公司 Waggonner & Ball 也舉辦了多場工作坊，邀請荷蘭水資源專家及路易斯安那州的公務人員對談，這一系列的講座日後被命名為「荷蘭對話」(Dutch Dialogues)。[13]荷蘭健全的供水網路與美國劣質的水資源控制系統形成了強烈的對比。比方說，二〇一七年，美國土木工程學會對國內的洪堤系統打了個D，並且表示，這些設施在未來十年內要花八百億美金才能達到良好狀態。

荷蘭擁有水資源管理方面的專業長才，是因為人民有決心要徹底掌控防洪問題，確保一九五三年的大洪災不會再度上演。他們固定編列經費做好防治措施，這樣的決心是源自於全體根深蒂固的價值觀。荷蘭人認知到，水資源管理是全民必須共同承擔的責任，而且必須透過徵稅來落實。當地有些水資源管理局成立於十三世紀，是荷蘭最古老的代議制機構，那些建築物也成為地方上的驕傲，外觀還刻有有色彩繽紛的盾徽。

為了更了解荷蘭人的集體價值觀，接下來談到一個跟堤防有關的傳說故事。一八六五年，美國作家瑪麗・梅普斯・道奇（Mary Mapes Dodge）出版了《漢斯・布林克或銀色溜冰鞋》（*Hans Brinker, or The Silver Skates*），當中有篇故事為〈哈倫英雄〉（The Hero of Haarlem）。有個荷蘭小男孩發現堤防漏水了，於是用自己的手指堵住裂孔，成功地化險為夷。這個故事後來成為美國家喻戶曉的故事，不過荷蘭人顯然不怎麼喜歡。也許是因為，在荷蘭人的認知裡，堤防是外型有如沙丘的巨大土堤，而不是一堵用手指就能封住裂痕的牆。

矗立在荷蘭斯帕恩丹市（Spaarndam）郊外的一座小男孩雕像，點明了這則故事所欲傳達的正確寓意。在雕像旁有一塊牌匾寫著，它象徵了「荷蘭人永遠都會奮力對抗水災」。這股精神時常被人忽略，而道奇在故事中也有強調這一點。「那個小男孩代表了整個國家的精神，」她寫道：「不管哪裡出現漏水……隨時都會有一百萬根手指準備好要去堵住它，不計一切代價。」

荷蘭的基礎建設以及持續不斷的維護作業，是全體人民共同達到的成就。他們願意支持有益於防洪的國家及地方政策，包括課稅在內。

有些人會覺得，談論共同價值觀太過矯情，但為了解決迫切的問題，這是十分實際的做法。舉例來說，政策專家一再呼籲，聯邦政府應該調漲燃油稅，否則上次調漲已經是一九九三年的事情了。自一九九三年到二〇一七年間，通膨成長了百分之六十八，但燃油稅卻不曾上漲。[14]合理徵收燃油稅是非常基本的事情，但是直到目前為止，美國政壇總是閉口不談。再次強調，美國人民必須團結起來面對現實。

基礎建設破敗、維護作業不足，並不是美國獨有的問題。義大利熱內亞的莫蘭迪橋在二〇一八年倒塌並造成四十三人死亡，《經濟學人》等媒體引用此案例指出，不是只有美國有建設品質退化的問題。[15]另一方面，也有觀察家斷言，英國決定脫歐後，國內體制就出了問題；其政策制定者也擔心基礎設施會嚴重崩解。[16]

這樣的問題在貧困國家更顯著。發展經濟學家阿爾伯特・赫緒曼（Albert Hirschman）在一九五八年出版的《經濟發展策略》（*The Strategy of Economic Development*）一書中寫到：「從全球的經濟體系看來，缺乏適當的維護，是開發中國家最明顯的缺點。」赫緒曼警告道，除非國家能建立穩定的維護計畫，並加以強制執行，否則它在基礎建設上的投資都將化為泡影。不過，從荷蘭的案例就可以看出，人類可從錯誤中汲取教訓，並一步步培養好習慣來改善周圍的世界。

先用便宜的辦法做起

很多政客無法抗拒誘惑，總是想花大錢去建造一些重要性很可疑的嶄新基礎建設，包括紐約州的官員。為了要解決拉瓜地亞機場的運輸亂象，州長安德魯．科莫嘗試推動一套斥資數十億美元的空鐵（AirTrain）系統。不過，交通專家指出，這套系統並不能改善既有的運輸模式，也有人則稱此計畫愚蠢至極，是港務局（Port Authority）的失敗之作。[17]另一方面，曾宣布要參選美國總統的紐約市長白思豪（Bill de Blasio）也曾提案要花二十七億美金打造一套連接布魯克林與皇后區的有軌電車系統。

然而，公共運輸專家清楚地表示，有時便宜的解決方案就能滿足人們的需求。非營利組織「交通中心基金會」（交通中心基金會）的執行董事塔比莎．德克爾（Tabitha Decker）指出，公車系統得全盤改造，尤其是在紐約等大城市。「基本上，我們發現公車系統才是真正的問題所在。紐約公車每天的載客次數超過一百萬次，可是又慢又不準時。」德克爾說。

交通中心基金會在多年的研究後有了全新的發現。資料顯示，搭乘大眾交通工具的乘客最在乎兩件事情：車班頻率和乘車時間。[18]換句話說，使用者想要運作順暢、準時可靠的系統。他們也發現，在十二項有望獲得改善的項目中，乘客認為，「最不重要的就是充電插座和無線網路」。報告內容進一步談到：「對照我們的研究結果，令人不解的是，公共運輸機關熱愛宣傳車廂內有免費的無線網路，就算乘客沒那麼在意這項服務。」

二〇一五年，交通中心基金會開始探討公車議題。他們找了一群合作夥伴，在二〇一六年七月發起「扭轉局勢」（Turnaround）活動。他們提出了幾個主要訴求：

一、修訂公車行駛路線，以反映乘客的實際使用情況與需求。
二、允許乘客自所有車門上車，而非只有前門，以加快上車速度。
三、採用更完善的作業系統來確保公車按時行駛，並保持車班之間的適當間隔。
四、在可行路段重新規劃道路，以提高交通效率（例如增設公車道）。

確立上述建議以後，交通中心基金會便擬定了幾項基本策略，希望能促成這些改變。首先，基金會嘗試與各運輸單位的職員進行溝通與協調。「尤其是那些有意協助我們落實改變的人。」德克爾表示。雖然倡議者與職員的意見不見得總是一致，不過，就如德克爾所說的：

「我們尊重各單位規劃人員的專業知識與權力，也希望跟他們打好關係，並幫助他們去除障礙。」德克爾不把專業人員視為需要被改革的守舊公務員，這樣的態度也收到了成效。

其次，交通中心基金會勤於發表有亮點的資訊，以吸引媒體持續關注這項議題。舉例來說，公車處釋出了到站資訊，這樣軟體開發商才能設計出應用程式方便乘客查詢公車到站的時間。基金會還利用這項資訊為每一輛公車製作了服務報告卡。「在此之前，無論是乘客、官員或是新聞記者，從來沒人有機會仔細看看、確實了解公車開得究竟有多慢、誤點的情況有多嚴重。」德克爾解釋道。

「扭轉局勢」也聯合了其他公共運輸工會，包括公車司機，一同爭取讓乘客可以自由從前後門上車。司機很樂於支持這項倡議，因為收取車資最容易擦槍走火、引發暴力事件；如果乘客可以從後門上車，那司機就不需要再負責收錢了。

除此之外，他們也辦過不少引人注目的活動。有一回，這個草根團體的夥伴在市政府前面鋪了一大塊紅毯來代表公車道，並募集了乘客走在上頭，假裝在搭乘巴士。「新聞就愛播這種俗氣又浮誇的行動藝術。」德克爾解釋道。在另一個比較嚴肅的場合，他們提醒大眾，白思豪當選市長後，曾表明他的目標是要讓紐約市成為「更平等的城市」。而交通中心基金會的夥伴們強調：「公車乘客大多是低收入族群，也不少有色人種。這座城市的公車服務沒有改善的話，這些人就會受到影響。」後來在二〇一八年，為了響應市長提出的目標，他們發表了〈快速巴士，公平城市〉（Fast Bus, Fair City）的報告。[19]

交通中心基金會的努力終究獲得了回報。當時紐約市公共運輸局（New York City Transit Authority）局長安迪・拜福德（Andy Byford）在新官上任的第一天，便宣布了幾項優先要務。首先就是改造紐約市的公車，以方便殘障人士搭乘大眾運輸系統。這正是基金會長久以來的主要訴求。紐約市後來公布的公車計畫，即是以「扭轉局勢」的行動綱領為本，再加上其他幾項配套措施。這是經過一年半密集宣傳所得來的成果。

德克爾還算得上是樂觀主義者。她透露，芝加哥和邁阿密的公共運輸改革團體也取得不錯的成果。不過，真正引起我們注意的是，這些倡議團體的首要訴求都是改善現有系統的運作狀況。系統需要改變，包括改善硬體設備來提高便利性，這一點無庸置疑。可對大多數乘客來說，最有益的改變，通常不需要花大錢（例如改善服務品質）。政治人物熱愛的浮誇計畫，卻往往得豪擲數十億美金。專注於功效而非炫目的表面工夫，對社會大眾才有益。請容我們再重申一次，最實惠的辦法往往最有效。

我們注意到，美國有一些小市鎮，例如伊利諾伊州的圖斯科拉市（Tuscola），以前馬路上鋪的是柏油，但現在反而愈來愈多混合瀝青和碎石子而成的碎石路（macadam）。就科技發展的角度來說，這是在走「回頭路」。在柏油的價格變得實惠、被廣泛使用前，在十九世紀末至二十世紀初流行的便是碎石路。它看起來沒那麼美觀，有時還蠻讓人火大的。因為時間久了，路面上的小碎石會鬆動脫落，彈進你家花園。但是，站在經濟的觀點來考量，這是合理的選擇，畢竟碎石路比較平價。問題是，在哪些條件下，我們才應該選用不美觀卻便宜的材料？財務平衡真的有那麼重要嗎？

就某些情況而言，我們的目標是審慎且逐步地去成長（degrowth），也就是要大量削減基礎建設的負擔，並且縮小城市的規模。人們在談到城市的未來時，常常會提起底特律。不可否認，當地市民經歷過一段艱苦的日子，這個城市還成為「賣弄廢墟情懷」（ruin porn）的聖地。不過現在，這裡進駐了很多新興產業，有科技新創公司，也有時髦的酒吧和餐廳，就連荒廢的住宅區也有人在從事都市農業。

當然，這座城市原有的問題還沒有消失。這段復興之路走得非常辛苦，尤其是在底特律政府宣告破產的時期。在此，有一個問題值得我們深思：當城市或鄉鎮的人口減少時，該如何幫助這些地方自然地縮減規模。我們可以試想幾種政策來達成此目標，譬如說提供補助金，讓人民有錢拆除廢棄與傾倒的建物。在鐵鏽地帶的沒落鄉鎮，這正是最具體要解決的問題。

至善者，善之敵

在某些情況下，想要大刀闊斧地改善基礎建設，必須先從政治與政府開始改革。檢視許多大城市的公共運輸系統，就會發現其管理結構破碎且混亂。董事會美其名要向所有人負責，實際上卻毫無作為。民選官員沒有動機去監督運輸系統，再說，不同類型的交通工具往往分屬於不同的運輸機構，它們協調狀況不佳，甚至會互相競爭。舉例來說，舊金山灣區就有二十六家公共運輸機構，但沒有人能妥善居中協調，如此多的搭乘選項也令乘客眼花繚亂。[20]更難理解的還有管理紐約地鐵的大都會運輸署，其負責監督的首長居然不是紐約市長，而是紐約州長。傳統上，紐約市長只能在二十一位董事會成員中指定四位自己的人選。這樣的管理結構對郊區發展比較有利，包括擬定新的投資計畫，但城市既有系統的維護就會被忽略了。[21]

二〇一三年，芝加哥地區運輸管理局（Regional Transportation Authority）發現，它無法有效地為各部門分配資金。於是，它聘請了顧問團隊來協助探討與確立最佳做法，包括艾諾交通運輸中心（Eno Center for Transportation）。[22]然而，顧問團隊經過調查後發現，是制度面與管理結構的缺陷在妨礙管理局的發展。後來，艾諾中心與交通中心基金會聯合起來研究六大都市圈的管理情況。這六大都市圈包括：

- 芝加哥
- 波士頓
- 達拉斯與沃斯堡（Fort Worth）
- 明尼亞波利斯市與聖保羅市
- 紐約州、紐澤西州與康乃狄克州
- 舊金山灣區

研究發現，這些地區在協調與決策方面都有問題，團隊於是提出了一連串建議，包括：

- 成立公共運輸系統的專用預算，不要透過年度總預算來調撥資金，後者還須經由立法者及州長同意。
- 將某地區的所有公共運輸機構合併為一個單位。
- 董事會等領導階層應如實了解乘客的主要族群及他們在乎的權益。

包括交通中心基金會在內，倡議團體都很注重現有的管理體系能達成什麼目標。他們很清楚，要做到深層改革並不容易，需要花費龐大的資源及政治資本，可是缺少有影響力的政治改革，也很難促成實質的改變。

那麼，我們要怎麼要求那些民選官員以及一般官員負起責任來維護既有的基礎建設呢？得發揮一點創造力。比如說，有傳聞說某些團體會在殘破的紐約地鐵站前面舉行「剪綵儀式」，以強調這座城市的硬體結構有多麼破舊。我們覺得，這些倡議人士若是補充評估資訊，包括該建築的物理條件和營運品質，那會更有幫助。倡議者、反對派及一般市民如果能掌握最新的評估報告，以了解這些設施的效能及所需維護的事項，便可以向應該負責的官員施壓，並要求對方採取適當行動。反過來說，我們也能夠用這些資料來獎勵有心要解決問題的政治人物。

比較令人沮喪的狀況是，我們國家在面對一些公衛問題卻束手無策。阿拉巴馬州的朗茲郡欠缺化糞池，導致許多人感染鉤蟲。政府怎麼能坐視他們生活在缺乏基礎建設的噩夢中？自由派和保守派都應該從各自的處事之道與價值觀中達成共識、解決問題。舉例子來說，關注鄉村公衛問題的倡議者主張，符合政府規範的化糞池造價高昂，許多貧困家庭根本負擔不起，這樣的法規等於在強迫他們自己去裝ＰＶＣ管，將未經處理的汙水排放至空地或是溪流。有一個解法是採用貧窮國家所使用的廉價糞池系統，雖然不符合美國的規範，但是有總比沒有好。

這種現象正反映出「至善者，善之敵」的道理；硬要符合法規，反而會妨礙適度的變通。在類似的情況下，進步派人士應該要推動法規上的改革，這樣能造福大眾的健康。保守派也應該附議支持，因為這顯示出有意義的行動被政府法規所拖累。

該把排水系統、淨水系統、電力、暖氣、醫療照護、手機通訊與網路服務歸為人權嗎？普遍來說，這個問題的答案絕對是肯定的，但也有例外。假如某人跑到水源受汙染的深山野嶺去蓋房子、挖井，政府就不用設法為他提供乾淨的水資源。總之，關於個人責任與社會責任的起點和終點，仍是一個懸而未決的問題。

此外，本章開頭提到，巴爾的摩公共工程部為了解決延期維護的問題而調漲水費，導致貧困的百姓無力負擔、甚至被逐出住所。要如何化解這樣的不平等問題？我們需要全面改革社會風氣與文化，才能把對基礎建設的需求視為人權。為了要促成這樣的巨變，就得少提不具人情味的「基礎建設」字眼，多去討論這些系統對生活的益處與必要性。在巴爾的摩、弗林特市、朗茲郡以及全美各地成千上萬的城市和鄉村地區，無數家庭的悲慘境遇仍未解決，我們還有很長的路要走。

第十章

空軍維修人員與護理師的離職潮

弗朗西雅．里德（Francia Reed）在二〇〇八年年初被派駐到伊拉克巴拉德（Balad）。早在一九七六年，她為了大學學費的補助而進入美國空軍服役。後來，弗朗西雅取得了學士及碩士學位，並在醫院的產房擔任護理師。兜了一圈之後，她決定回到原點，以上尉的身分重新加入空軍預備役，並以臨床護理師的專長前往戰區外圍服役。

在巴格達以北五十公里處的巴拉德空軍基地裡，有多名護理師在軍醫處負責治療受傷的士兵，等他們的傷勢穩定後再送往下一個恢復站，通常是中東、德國的軍醫院，或是直接返回美國。「對我來說，照顧那些傷患別具意義，」弗朗西雅告訴我們：「我以前是產科護理師，接觸到的病人大多很健康，處理的情況都是皆大歡喜。」不過，有些準媽媽很難搞。弗朗西雅記得，有少數病患喜歡擺架子，認為護理人員就是該隨傳隨到。她回憶道：

有一位患者按了呼叫鈴，於是我走過去問：「你還好嗎？需要我幫忙嗎？」結果她說：「可以把杯子拿給我嗎？」弗朗西雅笑著回顧她當時的反應：「你在開玩笑嗎？隔壁房的孕婦現在痛得要命，我在想辦法讓她舒服一點，結果你叫我過來就只是為了拿杯子？你自己拿不到嗎？」

在巴拉德戰場上的士兵跟紐約州北部的產婦不一樣，對社會階級的觀念也不一樣。

軍隊非常注重位階。士兵都不想要我這個上尉來為他們服務。但我會跟他們開玩笑說：「這樣我才能感受到自己的重要性，跟自己證明在這裡有貢獻。」

最後，士兵們總會被弗朗西雅說服，讓她順利做好她的份內工作：

我從來沒有見過那麼多人為了一杯水和止痛藥真誠地向我道謝。這真是太有趣了。我因此學會從更廣闊的視角看來看待事物。

我們在第六章提到，社會基於各種文化與偏見把維護工作變成地位低又名聲差的職業。我們從小便接受職業有高低貴賤的觀念。不管是參加ＳＴＥＭ營隊，或是閱讀繪本（例如斯凱瑞的《好忙好忙的小鎮》），孩子被灌輸的觀念都是要景仰創新者，譬如太空人和科學家，並蔑視維護人員、照護人員及修理工人。

但是，軍醫院的體系不一樣，那裡不存在傳統的階級；維護者不是底層人士，更不是種姓制度裡的賤民。這令我們忍不住思考：假如這種地位反轉更普遍的話，這個世界會變成什麼樣子？如果每個人都能像受傷的士兵那樣尊重護理師，以嚴正的態度來看待維護與照護工作，世界必然會有不同的樣貌。

在這一章，我們會介紹很多像弗朗西雅這樣的人，他們的想法和經驗很有價值，可以幫助我們去思考，如何卸除社會加諸在維護者身上的標籤，並顛覆這種現代種姓制度。有些想法很直觀，比如說，維護人員應該加薪，這點毫無疑問。有些觀念比較複雜或有爭議性，但理解當中的矛盾很重要，是因為這些工作常被視為小事，不需要特殊技能也能完成。事實上，維護作業是社會的基礎。更重要的是，每一個人都應該好好傾聽維護者的心聲、體驗與觀察，以有效改善維護人員的工作及生活條件。

空軍的無名英雄

與維護人員、政策制定者、管理者及高層主管對話時，我們都會提到，若要做出更好的決定，一定要基於更多資訊。舉例來說，基於全方位又可靠的資訊，我們才知道各種類型的維護作業是由哪些人負責，以及在何處執行。我們缺少聯邦政府或企業提供的大數據來證實維護作業的經濟價值。我們也沒有微觀的定性資料，所以無法體會維護人員是怎麼看待他們所面臨的挑戰。

我們在第六章點出了一個令人費解的矛盾現象。一方面，年輕人從大專院校、主流媒體及家長的口中得知，想要有好的工作、擁有經濟無虞的未來，就得上大學、學會寫程式、選擇STEM科系作為主修。但是這項建議卻經不起仔細審視。事實上，很多學生都不想花四年去修一個STEM學位，而且在這些領域出人頭地的機會也不多。根據美國工程教育學會（American Society for Engineering Education）的調查，工學院的學生在四年內順利畢業的比例只有百分之三十四。院長常常告訴大一新生：「看看你的左邊，再看看你的右邊。你跟你的左右鄰居三人加起來，只有一個人會在四年後走上台去領畢業證書。」

有跡象顯示，社會鼓吹學生選讀STEM學程，最終獲利的是大學和企業，而非為了求職而焦慮的大學生。二〇一三年，IEEE Spectrum雜誌以「STEM危機的迷思」為標題，發表了一系列文章。統計資料顯示，STEM領域每年釋出的職缺數量為二十七萬七千個，而擁有STEM學位並持有外國專業人才H-1B簽證的人數為四十四萬兩千人，這比例令人咋舌。這些人才的年供應量比需求量高出這麼多，也無怪乎一千一百四十萬擁有STEM學位的人在從事其他領域的工作。[1]不過，大學因此賺飽了學費，企業也受惠於該領域的勞動力過剩。在競爭激烈的求職環境下，雇主就有理由壓低薪資與福利。

試想一下，哪些領域有大缺工的現象，即許多雇主找不到合格的勞工。根據勞動市場調查公司Emsi提供的數據，在二〇一三年到一七年之間，技術性勞工的需求量成長了百分之十到二十，包括建造業（需求成長百分之十二，平均時薪為十九點一八美元）、磁磚及大理石砌磚工（需求成長百分之十八，平均時薪為二十一點二美元）、電路安裝及運輸設備維修工（需求成長百分之九，平均時薪為二十八點零三美元）。[2]

雖然大專院校和政策制定者穩定地挹注資金去開設創新及創業家的相關課程，卻有大量的證據顯示，社會對於其他技能（包括情緒智商）的需求更為迫切。有一個例子是來自醫療領域。根據美國勞動統計局的估計，在二〇一四年到二四年之間，直接照護類的工作，例如個人看護、居家健康看護、護理佐理員等職業，預計將成長百分之二十六。

從事這類工作時，擁有良好的社交技能和發揮同理心非常重要。除此之外，經濟學家大衛・戴明（David Deming）認為，高度的社交技能還可以帶來其他好處：「協調成本能因此降低，勞工會更有效率地完成份內工作及落實團隊合作。」在二〇一五年的研究中，戴明發現，一九八〇年到二〇一二年間，就美國整體勞動市場來看，需要高度社交互動的工作成長了將近百分之十二。在同一時期，需要運用大量STEM知識及較少社交技能的工作則減少了百分之三點三。[3]記者莉亞・葛申（Livia Gershon）在追蹤這些趨勢後發現，進入後工業自動化時代後，照護工作與情緒勞動的重要性只會與日俱增。葛申指出，這些技能最常出現在所謂「沒有特殊專長的勞工」或女性工作者身上，而非受過高等教育的男性。

想當然耳，單靠數據沒辦法為技職人員贏來更多的尊重及更好的待遇。文化迷思在多種管道下日積月累，要粉碎它恐怕得花費等長的時間、甚至更久。所以我們非常感謝熱門電視節目《幹盡苦差事》（Dirty Jobs）與《沒人做不行》（Somebody's Gotta Do It）的主持人麥克・羅（Mike Rowe）。多年來，麥克始終透過這些節目在聲援各種危險又骯髒的行業，從開採鹽礦、捕蝦、清理排水溝到閹割綿羊，正如他所說的，是這些工作「讓其他人得以享受文明的生活」。

在麥克輕鬆自在的神態和幽默感下，觀眾很容易遺漏他熱切想要傳達的深層訊息。二〇〇八年，麥克在一場TED Talk演講的尾聲向觀眾懇求：

我們希望推動跟創造出的工作，如果不是大家想要的，就不可能被保留下來……我們應該努力跟大眾宣傳各行各業的特色，不管是體能性或技術性的工作。總得有人站出來公開討論被大家遺忘的專長。[4]

這並不是什麼嶄新的觀念。從歷史作家史達．特克爾（Studs Terkel）的代表性著作《工作》（*Working*）以及參議員謝羅德．布朗（Senator Sherrod Brown）近期舉行的「工作的尊嚴」（Dignity of Work）巡迴活動中，我們看見的職人精神與麥克所推廣的想法類似。[5] 如何幫助人們找到有成就感、有意義的工作，即使是在汙穢、惡劣的環境，確實是美國政治圈及媒體圈一直以來在討論的話題。

同樣的議題也出現在軍事單位中。維護作業等各種苦差事是確保美國軍事機器運轉順暢必不可少的要素。空軍部隊就是個很好的例子，高階的戰鬥機飛行員必須仰仗低階維護人員的協助，才能直上雲霄。不誇張地說，空軍戰略專家最執迷於數據和資訊。畢竟戰機和空軍基地都是天價的投資項目，國防部為了確保這些資產可以長久使用而承受龐大的壓力。正因如此，空軍發展出一套精密的計畫來衡量其維護需求，包括利用先進的數據及分析技術來辨別與修正問題。在我們調查過的組織中，很少有單位像空軍這樣重視維修人員，而後者得負責檢查及修理飛機的電子、機械、結構和通訊功能。

二〇一六年，空軍的管理階層發現，部隊正面臨嚴重的勞動力短缺。維護人員的缺職率高達百分之十六，滿編狀態下的六萬七千個職位，約缺少了四千人。相較之下，整個空軍部隊若要人力充足，只需要一萬三千名飛行員。當時有將近百分之三十的戰機無法隨時出勤執行任務，由此可見，欠缺維護人員對財務及戰略方面造成的影響相當顯著。

不少評論家探討過造成維護人員短缺的多種原因。有些人將問題指向現實因素，譬如二〇一四年的預算裁減。[6]另外有些人則強調，例如歷史學家蓮恩・卡拉凡蒂斯（Layne Karafantis），這是長期以來多項政策所導致的意外後果。冷戰初期，空軍領導人認為，自動化可以減少人為疏失的可能性，因此降低了對人工的需求。一如卡拉凡蒂斯所言：「空軍部隊粗率地設計了防呆的操作方式，好讓隨時調來的士兵都能很快上手。」[7]這提醒了我們，人類對自動化的美好幻想並非到二十一世紀才出現。

在了解到維護人力不足的問題後，美國空軍設下目標、擬好策略，打算在二〇一九年之前募集到四千名新進維護人員。為了能如期達標，官方也製作了不少新的招募素材，比如在二〇一六年公布的影片〈維護人員：原動力〉（Maintainers: The Driving Force）。在影片中，一群身上沾滿汙漬和油印的男男女女在轉動扳手，時而扮鬼臉、時而微笑，背景則傳來激勵人心的音樂。在影片的開頭，有一段旁白說：「我們不追求鎂光燈的注目。我們不需要溫暖的呵護、不必有人稱讚，也可以把工作做得盡善盡美。」在這支頌揚維護人員的三分鐘短片裡，有幾句台詞令人難忘，像是：

- 空軍從來沒打造出能自行維修的飛機。
- 無名英雄偶爾也需要被人歌頌？也許是吧。不過請不要歌頌太久，恕我直言，我們還有工作要做。

在影片結尾的一句台詞則揭示了維護人員共同的驕傲：「我們是維護戰機的幕後英雄。我們是空軍的原動力。」[8]

這次募兵宣傳或多或少發揮了作用。二〇一九年年初，空軍部長海瑟·威爾遜（Heather Wilson）回報，四千名維護人員的空缺已經補滿。[9]但是這個目標才剛達成，就出現了另一個問題：部隊留不住有技術又有經驗的維護人員。政府問責署（Government Accountability Office）在二〇一九年發表的報告中引證，自二〇一一年至一七年間，空軍維護人員的再入營率減少了百分之八；二〇一七年的首度再入營率也只有百分之五十八點三。問責署在摘要中寫道：「接受本次調查的參與者表示，由於隊上缺乏有經驗的維護人員，使得工作負擔和壓力指數不斷上升。」換句話說，維護人員短缺的問題已經來到了死亡漩渦的邊緣。人力不足已成為維護人員離職的重要因素，而空軍又需要這群人來訓練新進人員。[10]

那麼，空軍應該採取什麼樣的策略來改善維護人員的處境呢？答案很明顯。根據問責署的報告：「有維護人員表示，他們從部隊跳槽至民航業者，主因就是優渥的薪資與待遇。」調查報告也提到，民航業者的排班時間穩定，每日工時為八小時，加班超時還有額外津貼可以領。

空軍維護人員也喜歡在臉書、Instagram 等社群網站上抒發情緒。他們的貼文與照片交織著倦怠、喜悅、驕傲以及幽默感等心情。他們也會用網路迷因來吐露工作上的低潮、招募人員開的空頭支票以及長官的愚蠢行徑，但不時會踩到政治正確的界線。[11]

從維護人員的親身經驗和未經修飾的故事，我們可以得到許多啟發。不妨多去社群網站看看這些資訊。可以肯定的是，你不會看到有人在上面大聲疾呼：我們需要模擬器、大數據、生物辨識技術或是宏觀創新（macro-innovation）。你反而會看到各類型維護及照護人員所提出的建議及需求，比如說：

- 提高物質獎勵（也就是加薪和增加福利）。
- 提升精神獎勵（長官的認可及尊重）。
- 為了戰勝職業倦怠，維護人員應有更多空間去創造工作的樂趣。

接下來，我們會針對這些需求與建議逐一進行說明。

社群媒體裡的苦工

想要改善維護人員的處境，首先需要著手調整的是薪資、福利及工作的穩定性。在此，我們想要再次強調第八章提過的重點：想擁抱維護心態，就要先認同它的核心價值，並願意付出足夠的資源來加以實踐。且讓我們花幾分鐘的時間來了解，為維護人員提高物質獎勵所面臨的阻礙。

時下流行的很多數位平台是依靠不健康的勞動模式來維持的。舉例來說，有些公司以低薪雇用了幾千名工人來監測與移除出現在社群媒體中的攻擊性內容。他們的工作包括檢閱強暴及謀殺影片（例如二〇一九年透過網路直播的基督城屠殺案），以及訓練演算法來分辨出貓和狗的不同。分析師對這些工人的稱呼五花八門，包括「程式看門人」（code janitor）、

「商業內容審核者」（commercial content moderator）、「幽靈勞工」（ghost worker）、「微工人」（microworker）等，而這些職稱本身便已充分顯示這些工人的地位與工作內容有多卑微。

這些工人不會上TED Talk演講，他們沒有成立慈善基金會，也不會在綠油油的企業園區裡打排球或乒乓球。但是，他們可以幫助軟體、社群媒體及數位基礎建設流暢、無人管理與自動化的形象。諷刺的是，有些專家聲稱，自動化會奪走某些工作，但促成這些表象的正是這些網路工人。因此，有越來越多學者開始記錄這些工人至關重要、卻也遭到忽視的工作內容。

傳播學者莎拉・羅勃茲（Sarah T. Roberts）在《幕後之人》（*Behind the Screen*）中指出，在這樣剝削性的勞動條件下，會產生不少隱性成本，使勞工的身心受創，而社群媒體的面目也會變得更加猙獰。比如說，前臉書的外包工作人員克里斯・格雷（Chris Gray）在二〇一九年控告該公司，因為先前他擔任內容審查員，必須觀看大量的色情圖片、仇恨言論、行刑過程及人獸交畫面，導致他心靈受創，罹患創傷後壓力症候群。[12]

所幸，我們還有很多方法能改變現狀。這些外包人員得不斷篩檢及刪除社群媒體貼文，於是精神上承受極大的痛苦。政府應該設立相關規定以保障他們有安全的工作條件、薪資、福利及支持系統。我們也可採取其他方式來改善現況，但都需要外界的資源。這群資訊維護人員號召同行團結起來、共同肩負責任，而各大軟體公司及數位平台的員工也動員起來支援這些弱勢的同業夥伴。

舉例來說，二〇一八年有一群谷歌職員憤而離職，導致該公司的派遣員工與約聘人員多過正式員工，根據《紐約時報》在二〇一九年的報導，非正式員工與正式員工分別為十二萬一千人和十萬兩千人。這場抗議活動的訴求之一，就是要為臨時員工爭取更好的待遇，他們就是構成谷歌大半勞動力的派遣員工和約聘人員。有一家派遣公司的管理高層告訴《時代雜誌》：「這種現象正在形塑公司內部的種姓制度。」[13]

谷歌和臉書等數位平台所引領的創新風潮廣受世人稱讚，也是其他公司效法的典範。它們展示了創新的成果能有多神奇。但是，從內部工作者的告白聽來，他們有許多更深度的訴求。他們希望公司正視維護人員的重要性，保護他們身心不會受到傷害。他們為公司賺取鉅額的利潤，也希望能得到適當的報償，以反映他們做出的貢獻。

護理界的難題

除了金錢與物質上的報酬、福利以及工作保障外，維護及照護人員都會提到，無形的權益與獎勵也非常重要。他們需要更多支持、認同，也需要有更多的權利去反抗高姿態的人，以免身陷有如種姓制度般的體制。

為了更清楚地說明何謂無形的權益，我們以護理界的某項危機來做為討論案例。一聽到「照護工作」，一般人最先想到的就是護理師。他們守護著健康與疾病、生與死之間的界線。換句話說，護理師是生命的維護者。

在美國，護理師是薪水相對優渥的職業，平均年薪超過五萬美金。由於人口老化以及醫療照護系統的擴增，護理方面的人力需求與日俱增，所以其勞力短缺的問題遂成為全民的擔憂。二〇一八年，勞動統計局預估護理師未來十年的招募比例會成長百分之十二，而其他職業加總起來的平均成長率只有百分之五。

為什麼護理師的人數會不足呢？根據美國護理學院協會（American Association of Colleges of Nursing）的說法，現有護理人員加速退休是主因。當前有超過百分之五十的護理師年紀在五十五歲以上。正如空軍維修人員的跳槽風潮一樣。護理人員湧現大批退休潮後，醫療機構人手不足，最有經驗的人才流失，長期累積下來的知識與應變能力也跟著消失。人力結構的改變帶來了顯著的衝擊。有護理師表示，勞力短缺後，每個人的壓力都變大、對工作的滿意度也跟著下降。多項研究指出，護理人員變少後，病患所需的照顧品質也會縮水。[14]

許多組織決定利用護理人才短缺的問題來賺錢，卻還是擺脫不了創新的迷思。國際知名的嬌生公司發起「共創護理業的未來」（Campaign for Nursing's Future）活動，很明顯就是在強調創新論。舉例來說，在它的網站上有項企畫競賽名為「護理師的連環炮創新挑戰賽」（Nurses Innovate QuickFire Challenge）。這是很不恰當的名稱，因為美國槍枝暴力氾濫，而護理師是受到波及的第一線人員。[15]另一方面，也有公司推出名為「皮洛」（Pillo）和「佩珀」（Pepper）的「社會照護」機器人，它們可以模擬人類對話、配發藥丸、追蹤和記錄患者的飲食及運動作業，當然也能透過即時監控攝影機來回報患者的狀況。[16]

幸好，有些護理人員跟我們一樣，對於創新論入侵護理界感到很不解。弗朗西雅・里德到現在都還記得，以前她在讀護理教育的文獻時，多次讀到「我們需要更多創新的做法」，但覺得很困惑。「可是他們所謂的創新非常模糊，有些專家甚至說不清楚。」她開始產生質疑，那麼多人說護理界需要創新，但這些主張背後的經驗基礎是什麼？她表示：「真是這樣嗎？我們怎麼知道這些事情之間有因果關係？」

弗朗西雅的博士論文就是從這些疑問開始成形的。她先確立正式的定義，再研究護理教育中的幾項創新課程，由此發現了兩項驚人的結果。

第一件事情是，創新課程的設計者認為，老師站在講台上一本正經地講課太老派了，應該要用PowerPoint的問答遊戲或互動式案例才有趣，但學生反而認為後者沒什麼了不起的。

那些創新教師自以為走在教育的尖端，要是知道實情一定會很尷尬。

第二項觀察則與創新完全無關。弗朗西雅請參與研究的學生提出照護病患的改善方法，並一一記下。然後她發現：「有些學生的想法很好。接著我問他們，想出這些點子後有採取什麼行動嗎？卻沒有一個人表示，自己曾跟其他人分享過這些想法。」

弗朗西雅進一步說明，護理界若要有所改善，也就是有真正的創新之舉，首先必須養成重視溝通的文化，並設法創造出能交換意見的空間。她回憶起七〇年代她在空軍服役時的情景：「那時空軍設有一個正式的建議管道。如果你曉得某個問題該如何解決，就可以填寫一份表單，放進營區裡的意見箱。假如你的建議有被採納而幫空軍省下一筆錢的話，也會有獎金可以拿。不少人因此躍躍欲試。」

接著我們問弗朗西雅，該如何改善護理師的待遇時，意外的是，她並不提倡調薪。「如果你們在二十年前問我這個問題，我會說，護理師不受重視，光看薪水就知道。不過現在情況變得好很多了。我們最近有調查紐約州立大學理工學院的畢業生就職情況，發現他們現在領的薪水很高啊！」

在她看來，真正的問題是來自於內部文化。「我認為，護理界到現在還是有喜歡欺負菜鳥的陋習。」這種情況已經存在數十年，並且有不少專家寫書來探討，例如德拉塞加（Cheryl

Dellasega）和沃爾普（Rebecca Volpe）合著的得獎作品《護理職場的有毒環境》（*Toxic Nursing*）。在這些陋習與文化下，許多資深人員會特別霸凌尚未嚐過苦頭的新進護理人員，包括分配令人過勞的工作量。弗朗西雅繼續說道：

> 如果我會魔法的話，首先就想要改正這種現象。我想要培育一種文化，讓我們可以對新進的護理人員說：「雖然你昨天才畢業，那也無妨。你很重要，也很受重視。我們很高興有你在，也很願意聽你的意見。你在這裡有發言權。我們期待你的貢獻，也歡迎你提出疑問。我們會給你支持。」

在沉迷於追求效率和盈利的社會，這些渴望被栽培、被保護、被支持的新鮮人很容易就會遭人踐踏。幸好，還有像弗朗西雅這樣的教育家能理解這些需求的重要性。但是，在不重視照顧、培養與支持態度的商業領域，這些工作者又面對怎樣的待遇呢？

客服人員的協調專長

想想看，哪些場合最容易缺乏關心或關懷對方的社交互動？大家腦中浮現的應該都是撥打客服專線的經驗。客服人員給人的印象都不太好，而有些壞名聲的確是其來有自。我們都有過經驗，原本是為了詢問資訊或投訴公司而聯繫客服人員，結果被搞得滿肚子火。有些公司會大手筆地在國外設置客服中心，可是當地的服務人員有濃厚的口音，反倒增加溝通的時間與成本。有些公司則設置自動化服務系統，期望顧客能透過螢幕上的選單來找到想要的答案；美國國鐵則是推出了「虛擬助理」茱莉（Julie）。

數位時代最諷刺的地方就在這裡。著重於數位科技發展的人士，長久以來都向大眾保證，科技可以增強社會參與感與連結感。但許多公司與機構都用科技來減少人與人之間的接觸。為了化解這個僵局，社會需要有才華和善解人意的協調者；他們了解人際連結的重要性，讓他人感覺到自己的觀點受到重視，並能有效化解人們的沮喪和憂慮。在這個重要的層面上，數位系統和數位社會都需要更多維護與關照。

我們可以從一些客服專家身上看見希望，如卡蜜爾・艾西（Camille Acey）。卡蜜爾是新創軟體公司 Nylas 的「客戶成功」團隊的副理。這家公司的產品可以整合電子郵件、行事曆及通訊應用程式中的資訊。卡蜜爾的職責是要帶領團隊巧妙地回應顧客針對 Nylas 軟體的疑問。

卡蜜爾深知客服給人的既定印象為何，於是發展出一套全面性的方法，以確保她能帶給

Nylas的顧客截然不同的感受。首先，工作人員都要認知到，這項服務不僅僅是在傳遞事實，卡蜜爾告訴我們：

> 我們不只是更新資訊、提供文件而已。我真心相信，顧客就是我們的合作夥伴。我們依賴他們，他們也需要我們。我們會在這裡工作，是因為他們有需求。所以我們應該思考的是，我們可以向他們分享哪些不曾透露過的事情。

她的主要工作是與客戶建立連結，除了理解對方的想法，也幫助他們學習其他顧客的做法。更重要的是，客服人員要將這些意見提供給軟體開發人員，後者負責改善並創造公司的各項產品。

卡蜜爾常常要跟客戶進行視訊會議，以建立緊密融洽的關係。一般的業務主管都汲汲營營於賺取豐厚的傭金，但卡蜜爾期許自己能為網路遠端的客戶發聲。當討論的主題涉及多家公司的專長領域時，她也希望自己能成為提供重要意見的調解者。整體而言，她總結道，與顧客互動的真諦在於三件事：「賦權、當責與教育」。

卡蜜爾在業界打滾多年，她了解到，許多知名科技公司酷炫、俐落、冷靜的形象，都只是假象。與矽谷一家知名公司的合作後，卡爾蜜不禁想起卓別林的喜劇默片，而那些科技人士總令她聯想到片中那些笨拙又無能的奇斯東警隊（Keystone Kops）。她解釋道：

但其實我反而稍微鬆了口氣。我以為事情會進行得很順利，但是我很快就發現，這些傢伙不曉得自己在做什麼。所以我就冷靜下來一一處理問題。

我給大家的建議是，注重溝通，最重要的是學會慢慢來。這種態度真的很重要。慢慢來就是維護概念的核心。紐約地鐵L線在週末時會關閉，因為它們需要時間進行維護。這種做法跟矽谷講的「快速行動，打破常規」完全相反，但卻是必要的。

軟體開發人員

聊完卡蜜爾的工作，我們就要進入更關鍵的議題。每次與維護人員訪談時，一定會聊到工作上的倦怠與喜悅。他們在面對工作時全力以赴、不遺餘力，也因此得到喜悅和滿足感。更何況，幫助別人解決問題是非常快樂而有成就感的事，不管是修理破掉的水管、為剛動完手術的患者多擺上一顆枕頭，或是確保教室內的投影機可以正常使用。

這麼說或許太簡單了，不過我們認為，要改善維護人員的處境，尤其是他們的士氣和心理健康，最明顯又正確的做法就是減少倦怠感並提升喜悅度。我們會透過下文說明，兩者是可以共同實現的。但有個不爭的事實是，唯有讓工作人員獲得充分的休息、感覺自己受人賞識，他們才有辦法長期做好維護及照護工作。

先回到數位世界來探討製造開源軟體的工程師有哪些倦怠與喜悅。近幾十年來，各種經濟產業的ＩＴ系統愈來愈依賴開源軟體，例如Linux作業系統、Python程式語言以及Mozilla的火狐瀏覽器。開源軟體有個特別之處，就是需要仰賴志願者。所有的開源程式計畫都需要有人來擔任維護人員；他們必須回答問題、依據程式缺陷報告採取行動、回應使用者對新功能的要求，並且監督原始碼的更新資訊。

這一長串的任務當然叫人吃不消。諾蘭·勞森（Nolan Lawson）是PouchDB這款開源資料庫的維護人員，網路開發人員會利用PouchDB來建立「可離線使用」（offline-first）的應用程式，也就是遇到網路斷線也能繼續運作。諾蘭在部落格上發表〈身為開源軟體維護人員是什麼感覺〉（What It Feels Like to Be an Open-Source Maintainer），而文章假想中的場景作為開頭：

> 在你的門外，有幾百個人站在那裡等，他們耐心地等你回答問題、處理客訴。你得

回應他們所提出的功能性需求。你很想幫所有人解決問題，但是現在你只能把這一切暫時擱下。也許是因為你今天的工作很不順、也可能是因為你累了。又或許是因為你只想跟家人、朋友好好過個週末。

但是，等在門外的那些人永遠不會離開，你得一一處理這些需求，不管你有多沮喪。有些人雖然是出於好意，但寫出來的程式卻是一團難以辨識的亂碼。有些人則是會大吐苦水地抱怨，說你的計畫浪費了他們兩小時的人生。開源維護者永遠無法徹底擺脫工作帶來的倦怠感：

經過一段時間，在你處理完十幾、二十個人的需求之後，後面還是有上百個人在排隊。但是你已經沒力氣了；每個來找你的人不是有話想抱怨、有問題想問，就是想提出要求，告訴你還有哪裡需要加強。[17]

每當維護人員在會議上碰頭或是在線上聊天時，常常都會討論到職業倦怠的問題，也會分享彼此的應對之道。潔絲．弗澤爾（Jess Frazelle）也是開源維護者，她認為：

最難的部分就是要處理人的問題。你總會遇到某些蠢人，口氣很差，要求的事情很多，態度傲慢又目中無人……但很多時候，維護工作者都得設法讓每個人都開心。

要做到這一點，還能夠保有理智，關鍵是要培養自我覺察的能力，並且練習自我照顧，潔絲強調：「該請假的時候就要請假。不然這些人會把你逼到極限，讓你覺得不立刻回應不行，但你也必須關照自己的需求。」[18]

對此，另一位維護人員提出了不同的看法。簡．萊納特（Jan Lehnardt）的方法很簡單：撒手不管。在一篇談到倦怠感的部落格貼文中，萊納特寫：

只有把所有的事情通通拋到腦後，晚上才能睡得著覺，反正我遲早會去處理它們。我也不會逼迫自己要做到一絲不苟、什麼都不能遺漏。我知道，從做事或做人的角度來看這樣不太好，但除非離開專案團隊、退出這一行，否則要繼續從事這份工作的話，我只能用這種態度去面對。[19]

不過，還有一種對抗倦怠感的方式是，從內心、精神性的層面去與工作建立連結。前軟體工程師阿里亞・希達亞特（Ariya Hidayat）的描述是：「開源維護類似於某些嗜好，有舒緩及療癒的效果。」亨利・朱（Henry Zhu）也從如此理性的角度切入：「跟人生其他事情一樣，這份工作不只是在寫程式，也是為了發明這套系統的工程師以及使用者而存在的……雖然有時候會覺得很辛苦，但我還是很感恩自己有幸能參與這一切。」[20]

開源軟體的開創者經常談到他們對這份工作的熱情。Linux創始人林納斯・托瓦茲（Linus Torvalds）在自傳《只是好玩》（JUST FOR FUN）中寫道：

> 大家都曉得，人要在有熱情、覺得好玩的時候，才會把工作做到最好。這個道理對劇作家、雕刻家、創業家來說是如此，對軟體工程師來說也是如此。開源模式讓人有機會去揮灑熱情、去享受樂趣。[21]

熱愛修理機車的人類學家

托瓦茲觀察得來的真理，即熱情和樂趣可以激發出最佳的工作表現，在非數位領域的維護人員、以及負責維持馬達運轉的技師身上可以得證。為了更了解他們的世界，我們去找知心好友朱里斯・邁爾史東（Juris Milestone）聊聊。朱里斯在天普大學教授人類學，我們第一次見到他是在二〇一六年的維護者研討會上。他的故事和歷練呈現了各行業維護人員的共通點。

生於一九六九年的朱里斯回憶道：

小時候跟我媽一起生活，家裡很窮。我媽常跟一群朋友混在一起，他們全都是藍領階級的嬉皮，其中大多數人打過越戰，有一個人是專門幫軍隊修理吉普車和卡車的機械技師。他很照顧我，對待我就跟朋友一樣……他做過很多不同類型的工作，包括鈑金加工，我常常在下課後跟著他去鈑金工廠。

令朱里斯回味無窮的回憶就發生在那個地方：

裡面大概有兩層樓高，有一個絞盤可以用來移動超大片的金屬。他們有一個小小的遙控器，可以用來控制金屬片升降，透過軌道，金屬片就能在整個廠房裡移動。我猜他那天大概是覺得我很煩吧，所以就搬了一個兩百公升的空桶子過來。他把桶子固定好，然後把我放進去，再把遙控器給我。

朱里斯兩手直直地伸在胸前，彷彿握著一個任天堂遊戲把手：

於是，我用遙控器把自己升高到離地面十五公尺左右，在空中繞著整間工廠晃，而他在底下忙著做焊接。我就那樣自得其樂地玩了幾個小時，現在回想起來還是歷歷在目。

在那間鈑金工廠裡，小朱里斯坐在兩百公升的桶子裡當空中飛人。他內心的感受非常強烈：

那就是我生涯的起點。那個經驗讓我切身感覺到，我喜歡跟在我景仰的人旁邊，看他一邊忙手邊的工作，同時把十歲的我帶在身邊。

多年以後，由於家裡沒錢支付大學學費，朱里斯決定報名加入空軍，以獲得《美國軍人權利法案》(GI Bill)賦予的福利。他在機械科的考試成績優異，軍隊裡又有很多維護作業等著要人做，於是他就成了一名飛航維修技師。

擔任技師三年後，朱里斯終於晉升成為機工長。這份工作非常吸引他，除了可以實地操作外，他的心靈得到自由翱翔的空間：

> 我所接受的專長訓練是檢查空中加油機，確認它們是否能夠起飛。如果有任何問題，我就要找人來處理……我渴望學習跟飛機有關的事，還有嘗試操作各種不同的系統。因為我覺得那很好玩，也很酷。

再過幾年後，朱里斯開始感到乏味。他想試試看更需要花腦力的工作，所以他在有資格申請《美國軍人權利法案》所提供的福利後，便離開部隊去念大學。最後，他取得了天普大學的人類學博士學位，並留下來教書。

他現在住在費城郊外一間很大的舊農舍裡，所以有很多空間可以去從事他的嗜好。他談到：

我有幾輛重型機車、一台汽車和一台卡車，我太太也有一輛汽車。它們的狀態都不是太好，但是我能照顧好它們。我喜歡花時間在這些事情上。我覺得維修機器，不管是汽車、腳踏車或飛機也好，是非常貼近內心的事情。這件事情很吸引我，我在其中覺得很自在。我會去找以前沒做過的任務來挑戰，然後一邊做一邊學。

換句話說，朱里斯到現在對維修還有一樣的熱情和歸屬感，那起源於他小時候坐在大桶子裡、繞著鈑金工廠的天花板樑柱兜圈子。他的生命歷程跟許多維護人員一樣，除了找工作賺錢養家外，內心還有一股深沉的驅動力去尋找工作的樂趣。

這陣子，他將人類學方面的寫作和研究精神應用到重機維修廠，這個令他感到最多樂趣的地方。在這個小小天地裡，他動手摸摸車子、教導學徒並享受與家人相處的時光。他透過這些事情消除倦怠、維持熱情，並繼續經營學術生涯。

但是，如果我們想要維護領域各方面都有進步的話，光是期待維護人員自我調適是不夠的。雇主必須停止壓榨勞工，勞工也必須主動地照料彼此，不能再欺負菜鳥。我們也必須給維護人員更合理的薪水，以反映他們為組織帶來的貢獻。每個人都能盡一份力，只要我們懂得對各行業的維護工作者表達感謝，並且承認，正是因為有人在做這些骯髒又不討喜的工作，我們才能享受舒適的生活。

刈草靜思

比爾．帕斯洛（Bill Parslow）點了根菸，看向外頭的湖面。「你們在寫書時，一定要告訴讀者，割草能沉澱思緒。」比爾是一名機械技師，住在紐約阿迪朗達克山脈（Adirondack Mountains）的阿麗埃塔鎮（Arietta）。比爾負責維護及修理鎮民的卡車、犁地機、鏈鋸等各式各樣的農業設備。他還幫鎮上的垃圾子母車裝上蓋子，以防熊來翻找垃圾。他平日的作息就是訂購零件、整理工具間、為器材上潤滑油，並修理車軸、軸承及剎車。除此之外，每天早上狀態滿分、傍晚略有磨損的器具，他也會一一保養。

工作閒暇之餘，他會在車庫把舊的電動雪橇車改造成競速雪橇，也會修整圍籬、儲備木柴、保養車道、維修拖拉機和修補穀倉。除此之外，他還有副業，幫鄰居搞定發電機故障的問題、幫朋友更換卡車剎車器、為自己冰釣專用的棚屋製作零件以及清潔船用發動機的化油器。比爾是一名不折不扣的維護人員。

「割草能沉澱思緒，你一定要把這件事也寫進去。」他又提醒了一遍。比爾還有一項副業是修剪草坪，包括替他姊姊位在皮賽科湖（Piseco Lake）湖畔的房子刈草。夏季那幾個月，比爾和管理鎮上穀倉的職員會一天工作十小時，並將上班日調整為週一到週四，這樣星期五就可以去做點其他事情，像是刈草。「那種時候最適合用來想事情，」他說：「你會待在戶外好一陣子，但又不用每分每秒都集中心神工作。」

換句話說，修剪草坪跟其他的例行事項一樣，都能為心靈創造出自在徜徉的空間，產生類似冥想的效果。作者之一的安德魯也想起每年冬天暴風雪來臨時，在自家庭院清理車道的那些時間。「我在用吹雪機除雪時，腦子裡也會自動浮現出很多想法。」安德魯補充道。「沒錯，」比爾幽默地回嘴：「不過刈草還是溫暖多了。」

割草和除雪的吸引力因人而異，但是這兩件事情有明顯的共通點。在暴風雪過後的早晨踏出室外，會聽見雪鏟和吹雪機的聲音此起彼落，像是在相互呼應一樣。同樣地，在晴朗的夏日傍晚，一台割草機啟動之後，不遠處就會傳來另一台割草機發動的聲音。我們透過這些科技來沉思，也用來維護自己的一方天地。

第十一章

找回人性與連結

在維吉尼亞州克里斯琴斯堡的一條主要幹道上，有一排老舊的商店街，只剩下幾間店還在營業。那裡有一家當舖、一間Rent-A-Center家電、一家每週二塔可餅特價九十九美分的墨西哥餐廳，以及一間已歇業、空蕩蕩的玩具店。除此之外，停車場旁邊還有一家便宜的熱狗店。沒落的商店街是美國街景常見的景象，我們之所以會特別提到此處，是因為有販售二手家具的「人類家園再生商場」(Habitat for Humanity ReStore)。

每年有幾個週末，人類家園會開設「維修咖啡廳」，將店內空間劃分成好幾個工作站，由志工人員協助站台。在這些開放日，社區居民會帶著家中壞掉的物品，如發不動的割草機、扣子掉了的長褲，三三兩兩地聚集在這裡，跟隨志工一起動手把這些東西修理好。這是全體居民共同促成的活動，除了凝聚社區的向心力，也為了鼓勵居民自己動手做，並且支持環境永續性。人類家園的董事雪莉．福蒂爾在接受訪問時談到：

社會養成了一種東西用過就丟的文化。而我們的願景是要避免東西被丟進垃圾掩埋場。我們的使命是修理、再利用，讓物品重獲新生。[1]

在最近一次舉辦的開放日中，有位年邁的婦人卡波比安科（Helen Capobianco）帶了一台閒置四年無法使用的縫紉機過去。[2]現場有位維吉尼亞理工大學機械系的大四生瓦斯科維茨（George Waskowicz），他將機器拆開檢查，發現裡面有一個凸輪壞掉，這種零件很容易取得，也很易於更換。我們也帶了一組用鈍了的廚刀過去，經過維修之後，刀片鋒利得能削紙如泥，比全新的更好。

我們和幾位維修咖啡廳的志工聊天，他們都說，這些技能是從父母或親友身上學來的，因此想要把它們傳承下去。古時候，大部分的女性都知道要怎麼縫扣子。許多人也都曉得磨刀的方法，街坊巷弄裡也會有磨刀師傅。正因如此，福蒂爾才會堅持，維修咖啡廳的主旨是分享與傳授技巧，而不是單方面由志工來修理東西。給人一條魚，只能餵飽他一餐……倒不如給他一支釣竿。

某天，當地居民茱蒂．拉格斯（Judy Ruggles）帶了一台故障的烤土司機來修理。她在排隊等候時，無意間聽到維修咖啡廳的主辦人員史都華（Ellen Stewart）和克勞德（Dan Crowder）在討論要成立一間工具借用中心，以方便有需要的居民。正如福蒂爾對記者所說的：「很多人對維護居家環境會一拖再拖，往往是因為沒有工具或買不起工具。」[3] 拉格斯在聽見史都華與克勞德的談話後，便想要幫他們實現心願，這麼一來，她也能夠處理掉已逝世的丈夫約翰留下來的錘子、鑽頭和鑿子。

約翰生前常常幫別人維護和修理東西，那是他在堪薩斯的農場長大學來的功夫。茱蒂回憶道：「幫別人修東西，那是他跟人交流的方式，也是他表達愛的方式。」約翰是越戰老兵，在去世前曾有個構想，希望能舉辦一種活動，邀請一些擁有維修技能的身障退伍軍人來教導大家修理東西。既然有人想成立租用機構，茱蒂就有機會實現丈夫的夢想成真。於是，人類家園的工具借用中心在二〇一九年秋天開始試營運。

維護咖啡廳、家電診所等類似的活動愈來愈多，只要找到當地的維修站，大眾便可維護及修理自己的物品。在這些運動的影響下，人們不禁想到，如果這個世界更懂得關心彼此、更有愛、更注重永續發展，那生活一定會變得更美好。這個願景有很多方法可以達成。我們可以先從個人和家庭做起，或是加入社團與夥伴展開行動，或是設法影響地方及州政府的公共政策。

在這一章，我們將會從個人的面向開始討論，但還是把希望寄託在整體的解決方案。一般來說，談到關懷他人、善待物品，我們都會有種「不如靠自己」的心情，這是因為現代人與周遭物品的關係太疏離。電腦及電子產品都可以維修，自從這些東西問世以來，修理的工作就不曾少過。若能互相分享技巧、教導彼此處理不同的故障問題，就可以擺脫那些孤單的感覺。

我們的出發點不是為了緬懷往日時光、沉溺在懷舊心情中。我們很感謝現代科技帶來的益處，尤其是在專業分工及專業技能的劃分上。細緻的專業體系有許多好處。我們也很感謝專業的照護人員及保險體制，儘管這些服務會受限於經濟不平等的問題。

因此，我們也應該透過修法及推動新政策來改善目前制度上的缺陷及不利因素。確實，透過維修權運動以及政治參與，地方的商家與小工廠就能找到生存空間，個人也能學會自行修理物品。

我們觀察發現，許多人在家庭或個人生活都有維護及照護的難題，也因此感到很悲觀。但是我們相信，這種心情是不必要的。我們仍有理由抱持希望，迎向更有希望的未來。首先，我們要多多檢視自己的購物欲和佔有欲，並且仔細想清楚，我們要求自己及他人要達到的生活標準，其實不怎麼健康。

從家裡開始擺脫成長的迷思

大多數的人在面對突發其來的維護作業及費用時，才會開始認真考慮這些作業的重要性。我們有個朋友很愛開玩笑說，領悟維護的要領跟學佛很像，都是從受苦開始。我們在本書中反覆提過，一味追求成長最容易產生負擔；蓋愈多、買愈多，需要留心關照的東西就愈多，並漸漸把我們給淹沒。

美國的房子愈蓋愈大，但你家不需要跟著變大。算算維護及翻修的費用，接著再問問自己，你需要多大的房子？嗜好也會增加負擔。修理老車是挺好玩的，但是你真的有時間、有本錢做到嗎？還是它會慢慢變成你家後院的破銅爛鐵？

買東西的時候，也要考慮後續的維護事項。研究一下你想買的東西，從冷氣、冰箱到熱水器，有沒有需要考慮的維護問題。相關資訊很多，維修網站 iFixit 便有評估各項電子產品的可維修性。記住這句真理，「你擁有的東西到頭來也會擁有你」（The things you own also own you.）。

如果你發現身邊的維護或維修問題多得沒完沒了，就需要重新思考其他做法。搬到小一點的房子，或是放棄某些維護費用昂貴的物品。有些人在斷捨離的過程中得到解放。作家梭羅說過：「簡化，再簡化。」（Simplify, simplify.）在《知足的恩典》（*The Grace of Enough*）一書中，天主教徒海莉．史都華（Haley Stewart）談到，她和家人離開佛羅里達的市郊，擺脫不快樂又充滿壓力的生活，搬到德州一座建有生態廁所的小農場，讓日子過得更簡單，卻更叫人滿足。史都華寫道：

> 社會告訴我們，買得夠多、得到更多、實現愈多，就可以掌握幸福。然而，要得更多，卻只會更強烈感受到不得不填滿的空虛感。[4]

> 無止境的採購，只會不斷推高維護及修理費用。

這種對唯物主義的提防與戒備，是美國清教徒流傳至今的偉大精神傳統，不過我們要小心矯枉過正。從這幾年的發展看來，這類議題所傳達的觀念已脫離原意。幾年前，迷你房屋（tiny house）熱潮席捲了電視圈，大約有十檔電視節目同時圍繞著這個話題轉。觀眾喜歡觀賞及幻想住在迷你屋裡的生活，即使大多數人都是住在公寓與樓房中。經過一段時間後，我們才會知道這樣的風潮只是物極必反的循環而已。美國人時不時質疑消費主義、推崇極簡生活，所以才會有七〇年代的「返鄉下田運動」(Back-to-the-land movement)。

我們在第七章介紹過，在維吉尼亞州黑堡有一個老有所居的專案小組。他們研究了當地老年人的居家環境，並了解到拖延維護會帶來多麼慘重的後果。我們必須面對現實、拾起多年來不願面對的問題，並規劃出系統性的維護方案。但首先，我們先來釐清心中的理想以及想要達成的目標。

衣服有些汙漬也沒關係

現代人之所以難以建立健康的居家維護及照護慣例，關鍵在於，社會都鼓勵人們要追求效率和完美等不健康的標準。常常有人告訴我們，他們被維護工作以及生活的高標準壓得喘不過氣來。這些人焦慮不安、像是患了緊張症一樣，什麼事情都做不了。

我們在第三章介紹過歷史學家露絲・考恩所撰寫的《母親要做的事情變多了》，而她也曾親身受這些高標準所害。考恩最大的發現是，理當用來節省勞力的家用科技，例如洗衣機和吸塵器，竟然為母親製造出更多的工作。機器的效能增強，我們對清潔的標準也提高了。畢竟，要是你有一台吸塵器，地板上怎麼還能有灰塵呢？

在《母親要做的事情變多了》的後記中，考恩提到有很多人問過她，在撰寫家務勞動史後，她的家庭主婦生活是否有變化。這個問題的答案是肯定的，只是這些影響沒有很快發生。在開始寫書、查資料的幾年後，有一天，她看到女兒在吃早餐時蛋液滴到了襯衫，才突然驚覺到，自己一直乖乖服從社會的要求，但不論是潔淨無瑕的襯衫或一塵不染的地板，都是「毫無意義的專制束縛」。[5] 一開始她不想讓女兒一整天穿著有汙漬的襯衫，所以請她去換乾淨的衣服，但這時她內心傳出了一陣質疑的聲音：

你幹嘛要馬上洗那件衣服？你明明就知道，這只是家用品製造商為了賣更多洗衣精而鼓勵我們去養成的荒謬習慣。撇除其他人不說，起碼你不應該被這種愚蠢的話術給矇騙。把那件衣服從洗衣籃裡拿出來！[6]

可是，考恩沒有聽從那股批判的聲音。那件衣服還是留在洗衣籃裡。

幾年後，考恩再度面臨這個難題：她另一個孩子的衣服沾到了巧克力醬。她的內心再次傳來一陣聲音，明白指出孩子並不在意衣服有污漬，反而是考恩為了自己的清潔標準，而要求衣物潔白無瑕。這一次，考恩還是臣服於她那渴求完美的超我，所以把那件衣服也洗了。

後來，又過了一段時日，考恩因為生病必須臥床休養半年。平常總是堅持包辦洗衣雜務的她，不得不把這項工作交給丈夫來處理。她常常對他碎念，不要把深色衣物和淺色衣物混在一起洗、更不可以把免燙衣物（permanent press）和棉質衣物混在一起。直到有一回，丈夫突然厲聲回嘴說，在他接手洗衣服的這段期間，從沒洗壞過一件衣服。考恩這時才認清了事實。

健康狀況好轉後，她開始與丈夫一同分擔洗衣雜務。他們發現，原來無須理會成衣製造商的洗衣指示，就算把鮮豔衣物和淺色衣物放在一起洗也沒關係。她說道：「其實也不會破壞衣料，除了有一件貼身背心有稍微染上粉紅色之外。」7

認真回顧這些經驗後，考恩寫道：

我們在無意識中被灌輸了許多欺壓家庭主婦的規定，所以才會那麼聽話照辦……探討這些歷史，我們就能有意識地去檢視這些規定，進而淡化其效力。然後我們就能夠判斷，這些規定是真的有用，或只是人云亦云，甚至是廣告商強迫推銷的觀念。我們還要去深思，它們是促成壓迫、還是促成解放的媒介。

考恩請我們用這樣的角度去進行深刻的自省與洞察。她的結論是：

學著只去遵從合理又符合現實的規定，才能開始掌控家用科技，而非受其操控。唯有到那時候，我們才能完全發揮這些科技所具備的潛能。而母親要做的事情才會真的變少。[8]

不完美的禮物

自從考恩的著作在一九八三年出版以來，社會確實出現了一些變化，那就是人們追求完美及效率的動力增強了。生活駭客（lifehacker）渴望不斷提高生產力，而網路世界成了他們的棲居場所。而追求「量化生活」（quantified self）的人則利用智慧型手錶、感應器、app、試算表、甚至是驗血報告，來記錄自己的生命徵象、睡眠、心情、飲食、財務狀況、工作產量及排便情況。這類應用程式及工具有助於自我照顧，但真正吸引人的特色，是能用來提升效率和生產力。

在美國人常用的部落格平台Medium上，可以找到許多類似〈四十二種提升生產力的習慣，讓你的工作流程加快十倍〉（42 Productivity Habits to 10x Your Workflow）的文章。家用電器、電子產品及小型裝置的製造商源源不絕地推出神奇的產品，從掃地機器人到全自動洗淨馬桶，多到考恩可以寫一本書再進行詳細剖析。

在考恩籲請大眾保持理智後，響應的聲浪以及對追求完美的批評也逐漸變多了。在〈我們不需要奶昔來拯救〉（We Don't Need to Be Saved from Making Smoothies）一文中，料理網站「美食探索者」（Epicurious）的編輯大衛・塔瑪金（David Tamarkin）猛力批評他所謂的「加工食品工業複合體」（Prepared Food Industrial Complex）。這些公司暗示料理食物是在浪費時間，並打著增進效率的旗幟來兜售即食與微波食品。同樣地，前英特爾的資深主任工程師梅麗莎・格雷格（Melissa Gregg）在〈適得其反：知識經濟的時間管理〉（Counterproductive: Time Management in the Knowledge Economy）中主張，就某些方面來看，生產力在二十世紀變成了一種宗教，取代了以「尋求聖潔生活與救贖」為宗旨的傳統信仰。

照這樣看來，想要提升維護及照護的價值，勢必得先質疑我們所抱持的理想，想想它們從何而來，又是否有助於我們與所愛之人過得更好。我們必須捫心自問，有沒有妥善維護物品、有沒有好好照顧心愛的人。在第七章出現過的驗屋師鮑伯・皮克說，許多人連簡單的維修保養也不做，比如說冷氣濾網積滿灰塵，一看就知道很久沒更換。由此可知，我們對生活的要求不必太高，只要從基本的事情開始做起就好。

在《不完美的禮物》一書中，社工系教授布芮尼・布朗（Brené Brown）鼓勵我們要放下比較心態。我們難免會羨慕在雜誌中出現的設計感室內裝潢，也會佩服對所有電子產品都通透了解的3C狂人。我們也非常納悶，為何總是有女強人上班時非常幹練，下班後還有體力接送孩子參加各類活動、舉辦賓主盡歡的家庭派對？

我們有很多事情可以改進，但得先接受現實的限制以及不完美。多餘的自我要求只會帶來壓力、令人精神耗弱。

質疑與重新評估生活標準不光是個人的事，也需要他人的配合。我們都該拋棄不切實際、不健康、令人窒息的完美標準，放過伴侶和小孩，還有你自己。我們在第七章提過，兩性在家事與照顧層面的準則並不一致，而女性要承擔的事項較多。若想要生活在更公平的社會，所有人都要懂得領受不完美的禮物，還要認清事實：人人生來都有其限制。

維護者社群是由志工負責營運管理的。社團成立後，我們不斷在思考，要如何把這些概念應用到生活中，並形塑出重視維護及照護的文化。我們的座右銘是「記得好好照顧自己」（Make Sure to Maintain Thyself）。在當代文化對創新和成長的執迷下，我們忘了好好維護基礎建設、組織及住家，只想在工作和生活中燃燒自己，所以最後才會變得狼狽不堪。

為了做點小小的反抗，我們製作了「照顧自己」的貼紙。我們的朋友朱莉安娜．卡斯卓（Juliana Castro）是一名女性主義設計師，她以咖啡店的集點卡為靈感，設計出「照顧自己」小卡。這張卡片的使用規則是，你每拒絕別人的要求一次，就可以集到一點；在拒絕了十件事情、集到十點後，你就可以送給自己一份有形或無形的禮物。這些卡片的設計很有趣，除了讓人開心外，背後蘊藏的涵義更重要。朱莉安娜想鼓勵人們照顧好自己、理解自己的極限在哪裡，並且再三思考自己所承擔的義務。

想要打造出更重視維護、更有愛的世界，光憑著空泛抽象的理論是沒有用的。我們必須從個人生活和工作的環境開始著手。

培養做紀錄與寫筆記的習慣

我們一再提到，拖延維護的習慣是由許多因素促成的，當中至少有些心理因素。有研究指出，雙曲型折現（hyperbolic discounting）是文化養成的結果，也就是喜歡享受即刻小確幸（例如沉浸在YouTube的世界），勝過日後的大收穫（例如好好維護居家環境）的傾向。壞消息是，相較於南韓等亞洲國家，美國人確實有寧可選擇近在眼前的快樂，而低估未來的利益。儘管有些人樂於從事維護工作，但大部分人都覺得這份差事既枯燥又無聊，總會想辦法延遲。整體而言，這種拖延心態過於普遍。

基於這些原因，我們必須先面對有害的拖延習慣，才有可能把維護與照護工作做得更好。關於治療成癮問題，有一句老掉牙的話是這麼說的：「擺脫問題的第一步，就是先承認你有問題。」瑜珈老師艾琳・帕齊格（Eileen Crist Patzig）告訴我們：「人們總是跟我說，他們沒有時間練瑜珈或做其他運動，但事實是他們沒有時間可以拖延了。」

最好的解決辦法就是建立一套生活模式，得以有系統性、有條理地安排維護作業。過去六年來，在研究與訪問的過程中，我們見識到很多維修達人，他們懂得善用不同的方法設計排程。我們有位姑姑會在車子裡放一本筆記簿，在裡頭列出所有重要的車輛保養事項、上次完成保養的日期以及下次需要保養的時間。她會定期翻閱筆記簿，以確認何時該前往汽車維修廠。

有些人會利用試算表來記錄家庭維護事項，或是把找過的承包商編列成冊收進檔案夾，包含當時施作的項目及費用等資訊。我們也試用過好幾款居家維護軟體及app，例如HomeZada、HomeBinder、Home Management Wolf、The Complete Home Journal以及MyLifeOrganized。有些網站也會提供居家維護事項的核對清單。除此之外，如Centriq這類應用程式，能幫助你追蹤修理家電的歷史，並提醒你類似產品是否有安全上的疑慮。

不過，這些類型的規劃系統仍有其限制。隨著時間過去，人們對於行事曆上的提示訊息會漸漸無感，而失去行動力（至少就我們的經驗來說是如此）。假如你明明在手機上設定好去上健身房的行程通知，但卻連續三十天都沒去健身，那這套計畫便已無效。遇到這種情況，最好的做法是從頭來過。重新擬定計畫，確認內容是否合乎現實，而且項目愈簡單愈好。不時反覆確認這些計畫，它們才能成功發揮效用。

再來，縱使做好預防性維護，即時的反應性維護問題也還是會發生。爛事往往來得不是時候，墨菲定律也多少是有道理的。因此，備妥維修經費是最基本也最保險的步驟，我們兩人也有特地成立帳戶來存錢。根據某些調查，美國家庭每年花在汽車保養的平均費用為每台車四百零八美元，大略相當於每個月三十五美元；這是不考慮車貸、油錢或其他相關花費的情況。[9]另有專家統計，木造房屋每兩年的維護費用高達三千美元，相當於每個月一百二十五美元，這可不是一筆小數目。而這些開銷一旦開始累積，很快就會堆疊成驚人的數字。可怕的事實是，百分之八十的美國家庭是月光族，沒有人會保留預算給維護作業。[10]更嚴重的是，百分之六十的家庭根本不做預算規劃。[11]許多人每個月都勉為其難才能打平收支，而所費不貲的維修作業只會拖垮財務狀況。這是很淒慘的現實。

定期舉辦家庭會議

然而，即使家中經濟條件不佳，規劃還是有益的。我們兩人都會定期舉行家庭會議來安排預算、設定運動計畫、補強孩子的教育、分配家務和三餐內容等。我們都用這樣的場合來規劃照護及維護事項，並且邀請孩子一起幫忙分擔家務。（雖然孩子都還很小，大多只有家長在討論，不過他們可以幫忙備餐。在決定菜單的時候，請孩子加入討論，他們就比較不會在餐桌上發牢騷，但是這招未必總是能奏效就是了。）

對於買二手屋的人來說，通常住了一陣子就會發現前任屋主放著多少維護事項沒做，而這些事項也可以在家庭會議中一一列舉和討論。假設你得花一萬五千塊美金翻修老舊不堪、有安全疑慮的露臺，那想必你最近就不該花兩千美金去度假。家裡有需要再買一台平板電腦嗎？還是應該先存錢，等到有一萬美元時，才能請人來為你的小木屋做外牆清潔、上漆及補強。（坦白說，我們那棟小木屋自一九八三年落成以來，顯然不曾實施過這些維護作業。）

我們的家庭會議實行方針是取材自一些公司及非營利組織，包括支持維護者協會的個人及團體。我們在上文中示警，抱持不切實際的成長原則去追求完美及效率非常危險。但此處我們反而要大家精打細算，莫非是要以生活駭客的態度來面對居家維護與照護工作嗎？答案既是否定，也是肯定。否定的原因是，我們不想拿「極高效率」或「投資報酬率」等荒謬又詭異的概念來衡量個人及家庭生活。肯定的原因則是，利用各種預算制定方法、軟體、app等工具，就能妥善安排、留意及掌控家中大小事。

事實上，生活最重要的任務，就是要設法騰出閒散又自由的時間來照顧自己；無論是帶家人去郊外健行、在院子裡玩耍，或是下棋、玩桌遊都好。有組織地安排日常行程，我們才能守護這一小段完整、神聖又不受侵犯的休閒時光，免於受到工作、瑣事和家務事的干擾。

花錢進行維護、翻修，定期更換各項零件及系統，可以帶來極大的滿足感。在一生中，我們花最多時間與家人相處，在家中度過親密、充滿關愛又真情流露的時光。因此，花心力照顧及確保這個家的永續性，便是一個人成熟與負責任的表現。有些人會因此感到熱血沸騰，雖然社會往往低估了這樣的情感。

安德魯在撰寫本書的期間，有次在家裡的信箱看見一張勞氏居家修繕公司（Lowe's home improvement）的廣告傳單，上頭印了某家人在清澈的泳池邊玩耍的景象，背面附上泳池專用化學劑的折價券，正面還寫著一句標語：「享受多一點，維護少一點。」看在家中也有游泳池的安迪眼裡，這句標語相當刺眼，修繕公司根本是在製造享受與維護之間的對立。在安德魯看來，維護游泳池是一件愉快的工作，包括精確調配消毒劑、仔細清理池內的濾網及襯墊；在靜謐的傍晚，室外飄著漂白劑和氯的氣味，時間宛如快轉一般轉瞬即逝。每次看見孩子們跳進泳池時開心的模樣，安德魯總能感受到維護工作的意義；在這個戶外空間，親朋好友就能在美好的夏日齊聚一堂、閒聊、享受美食。

從以上的討論看來，關於物品的使用與保存，大眾的意見是分歧的；一邊是贊成快速消費、鼓吹用過就丟的消費主義；另一邊是批評物質主義，斷言消費無法滿足靈魂的渴望。其實在這兩者之間，應該還有一種正向的物質主義，也就是說，具體的事物能帶來深層的快樂與意義。舉例來說，透過泳池這樣的設施，我們就能與他人一起享受休閒時光，不像手機那樣很容易增添孤獨感。

維修診所

要提升維護與維修的價值，只有集結眾人的力量才能辦到。修改聯邦法律及政策當然有幫助也是必要的，但絕大多數的改革依然必須由各州及地方層面來著手。此外，成立線上社群、分享資訊也十分重要。

二〇〇九年，工程師彼得．梅（Peter Mui）發現，很多人因為不曉得怎麼修東西所以就乾脆丟掉，於是他成立了「維修診所」（Fixit Clinic）社團。維修診所與人類家園設立的維修咖啡廳很相似，但彼得更注重教導人們維修的技能。在維修咖啡廳，壞掉的東西帶過去，有人會幫你修理。而在維修診所，你必須跟著教練的指示自己動手修理。「我們請民眾要實際參與維修的過程。」彼得強調。[12]這個社團真正的宗旨是要促成社會改革，而維修教練會訓練大家嘗試去把東西拆開，看看是哪裡故障。他們希望大家能學會自己動手檢查問題、設法維修，這樣以後就不會再害怕東西壞掉。

維修診所有一套運作方式。每當有人走進來，主辦人員就會向在場所有人介紹來者的名字、帶來的東西以及它的故障狀況。「請大家看這邊，這位是泰德，他帶了一台會跳針的DVD播放器。」[13]他們也會把維修性質相近的物品聚集在一起。在這樣的流程中，參與者便能彼此認識、互相協助。

除了讓大家有勇氣自力維修。彼得也希望透過這個社團去改變人們的消費行為：

> 維修診所的終極目標是改變產品的設計方向。我們希望製造商能多考量耐用、維修及售後服務的問題。身為消費者，我們必須開始對業者提出嚴正的要求。我們相信，當眾人對物品的製造方式有更廣泛的概念和討論，改變就得以成真。

維護咖啡廳、家電診所及其他類似的社團提供在地民眾面對面互動的機會。這樣的出發點很好，雖然這類活動不是各地都有，但取得維修知識的管道還很多。九〇年代有許多名人在推動網際網路發展，包括死之華樂團的作詞人約翰・帕洛（John Perry Barlow）。他成立了電子前哨基金會（Electronic Frontier Foundation），並樂觀地預言到，借助網路之力，優質資訊就能傳遞到遙遠的世界各地。就現在的發展來看，他的想法是有點天真和單純。如今在網路上，假新聞與仇恨言論滿天飛、駭客用認知作戰擾亂選舉、網路霸凌事件層出不窮……還有鋪天蓋地的貓咪影片。網路世界充滿了無數愚蠢、不理性、卑鄙下流的行為，但是帕洛也說得沒錯，確實有很多網站提供了優質的維修知識。

iFixit及YouTube等網站如今像大型資料庫一樣，有許多入門知識及DIY教學影片。有位Uber司機說，他現在都自己動手保養車子；幾年前他對汽車一竅不通，但看YouTube影片就學到許多實用的技巧了。如今，iFixit上有五萬五千支維修教學影片可供觀看，該組織也與全美各地八十多間大專院校合作，除了向學生傳授技術寫作的技巧，並且提倡維修的重要性。這些努力獲得可觀的成果，將近兩萬名學生參與過iFixit網站的教學影片製作，並幫助廣大的網友學會維修技巧。二〇一八年，iFixit網站有一億兩千萬名獨立訪客，其中有七百八十萬人次來自加州，佔該州人口數的百分之二十。

有些機構也會成立數位平台來經營工具借用中心和時間銀行（timebank）。工具借用中心的概念類似於圖書館，可供民眾低價或免費借用工具，還避免這些器材遭到丟棄或功能退化，對節約及環境永續性也有所貢獻。而各種家事達人可以在時間銀行展現自己保養及修理物品的長才。這些人自願奉獻時間和技能為他人服務，項目包羅萬象，包括縫紉、家教、照顧寵物或小孩、教授瑜珈或冥想、修水電等。工作完成後，他們會獲得時間幣，等到下次需要別人幫忙時，便可使用時間幣來支付服務費。時間銀行的是一種共享經濟的概念，讓社區民眾得以分享彼此的技能。

政府與民間通力合作

近年來維吉尼亞的公民團體正在合力幫助有重大居家修繕需求的家庭；他們的屋況非常老舊，居民不得不遷出。由人類家園發起的「佛洛伊德郡居家安全促進會」（Floyd Initiative for Safe Housing）旨在確保人們有家可歸。這項倡議的名稱便是在強調不安全的居家環境對社區的威脅有多高。

促進會的發起人蘇珊．埃考夫（Susan Icove）是熱心公益的陶藝家，主要的作品是燭台和燈具。埃考夫說，她拜訪過幾戶住在移動式房屋的人家，情況慘不忍睹。有一家人拿烤箱來充當暖氣，而屋內唯一可用的插座還是用延長線從隔壁鄰居家拉過來的；另一間移動式房屋的七旬老人則已斷水六個月。人類家園董事福蒂爾提及，佛洛伊德郡有百分之二十二的住家是移動式房屋，大多位在拖車停放園區。這些用便宜材料搭建而成的房屋，品質惡化的速度比其他類型的房子更快。這確實是很大的問題，正如有些屋子的地板和天花板會在無預警之下突然塌陷。促進會的目標是一年完成八到十二件維修工程，居民要申請修繕的話，維修金額不能超過兩千美金，施工時間不能超過兩天。儘管如此，申請量還是非常多，每週均會收到一至兩封申請書，令他們應接不暇。

促進會的營運完全是仰賴地方人士的捐獻。負責重大修繕的人員時常向我們抱怨，州政府要求他們維修時必須設法將屋況調整到符合最新法規，包括電力系統、防火等方面。這樣的規定是出於善意，但是住戶和促進會的資金有限，那麼全部住家都符合最新法規，根本不可能做到。這再次證明了「至善者，善之敵」。因此，促進會沒有其他選擇，為了讓人們不受風吹雨打、能安全地待在屋子裡，只能進行小幅的維修作業。

我們很敬佩這些社會團體，他們以社區為基礎在推廣維修觀念，但是他們遇到的阻礙只有透過修法才能移除。我們在第七章介紹過iFixit的執行長凱爾·維恩斯。他在大學時代不小心摔壞一台蘋果筆電，並上傳了自己的維修過程影片。但他發現，蘋果公司會利用著作權法來下架網路的維修指南，也會利用其他手段來禁止消費者找非官方的維修店。

許多人都曾遭遇過這種令人沮喪的處境。蓋伊·戈登—伯恩（Gay Gordon-Byrne）經營一家顧問公司多年，專營電腦硬體的購買、販售及租賃。令她非常憤慨的是，有些公司在買入高科技產品後，還得簽署終端使用者授權協議，不得自行維修或是聘請非官方的維修人員。

蓋伊經常與入選《財富》世界五百強的企業合作，那些大公司不用擔心多付一點錢來進行維修工作。可是，對小公司和自由業者來說，這些授權條款的負面影響就很大。維修限制是從二十一世紀初出現，據蓋伊估計，過了十年後，這項規定就變得非常普遍。而消費者和使用者在某一天才突然驚覺，自己已經被軟體公司綁架了。

蓋伊、維恩斯以及iFixit的其他成員在二〇一三年成立數位維修權聯盟（Digital Right to Repair Coalition），其成員還有電子前哨基金會和服務業協會（Service Industry Association）。聯盟的主要訴求是修訂州級法律，規定製造商必須向消費者與維修人員提供產品資訊及零件。

過去幾年來，已有超過二十州開始在探討維修權法案（儘管尚無成功立法的案例）。蓋伊表示，維修權的架構就像一個五腳凳。為了進行維修，物主或工作人員必須要有五項要素：

- 維修指南。
- 零件。
- 工具，因為有些製造商會使用奇形怪狀的零件。
- 能讀懂電腦診斷的結果，包括了解螢幕上所顯示的錯誤碼之含意。
- 能存取韌體（用來控制硬體的低階軟體）及製造商用來封鎖維修功能的密碼。

少了這五項要素，物主就不可能修理自己的器材，而售後市場也將無法發展。

相對地，許多公司和企業也透過各種方式來強調維修限制的必要性。他們大肆強調，這樣才能確保網路與產品的安全性。他們訴諸於消費者的恐懼心理，但有些說法卻是似是而非或過分渲染。對我們這些維護者來說，至少還不曾聽說過有人在更換手機電池時弄傷自己。蘋果公司也請人去恐嚇內布拉斯加州的民意代表，要是他們通過維修法規，那裡就會成為駭客的聖地。[14]

業界的反彈聲浪這麼大，原因也很簡單，就是為了錢。晨星公司（Morningstar）的分析師史考特．波普（Scott Pope）估計，強鹿（John Deere）經銷商靠維修作業所能賺得的利潤是販賣新設備的五倍之多。蘋果公司的維修費用也比非官方的維修商家高出一千美金。[15]

但事實上，手機製造商、家電製造商等許多祭出維修限制的公司，都沒有違反聯邦貿易委員會的反托拉斯法。從法案的定義來看，製造商可以控制百分之七十五以上的市場才算是壟斷。哥倫比亞大學的傳播學者理查．約翰（Richard John）研究反壟斷運動多年，他指出，壟斷一詞在過去的定義較為廣泛，包括「不公平的市場力量與權力，能賦予一家機構不平等的優勢」。約翰解釋道，這種定義更加符合今日廠商搬出的維修限制。他說：「反壟斷是美國普羅大眾的價值觀。從歷史的角度來看，以前支持反壟斷的反而是支持共和黨的小市民。」

媒體在報導維修權議題時，都是聚焦於個別消費者權益與小農民的困境，而倡議者著重的是它對業界的廣泛影響。科技作家凱文．普迪（Kevin Purdy）最近發表了〈維修權是自由市場議題〉（Right to Repair Is a Free Market Issue）一文，他明確指出，在維修限制的霸權掃蕩下，非官方的維修店家一一倒店關門。

iFixit的執行長維恩斯指出，像蘋果這樣的公司並不看重維修業務，因為對他們來說利潤太低。但是，小型企業會去尋求這些市場機會。維恩斯解釋道：

> 相較於大型製造業，維修業的經常性開支比較低。小型企業比較能為市場提供額外的服務，包括提供資產流動性、提供消費者價值、創造地方就業機會等。他們在努力自力更生，並向壟斷市場的大企業做出薄弱的反擊。

據維修權倡議者的估計，如果能取消維修限制，非官方的維修店家數量會比現在多出數十萬間。從祖父那兒學會修東西的維恩斯強調，這種活動能帶來一種自豪感。他舉了政治學博士馬修．克勞佛（Matthew Crawford）所寫的《摩托車修理店的未來工作哲學》（*Shop Class as Soulcraft*）一書為例。

克勞佛放棄在大學及政府智庫的工作，轉而成為重機維修技師。「克勞佛講到，社區都居民非常佩服他的技能，他也因此感到自豪。他從前在智庫工作時反而得不到這種滿足感。」維恩斯轉述道。這種獨立、驕傲的感受很難量化，但卻是激勵我們爭取維修權的重要原因。

許多法條與政府決策都有助於提升維護及維修的價值。在瑞典，為了鼓勵人民不丟棄、多修理物品，政府就降低了維修費用的附加稅。[16] 除此之外，在美國，符合某些條件的家長若成立子女的教育經費專戶，就可以免徵收某些所得稅；若是維護及維修帳戶也能比照辦理就好。就某些領域而言，唯有修改法律，世界才會更容易維護。國際維修咖啡廳基金會（Repair Café International Foundation）的創辦人波斯特瑪（Martine Postma）多年來致力於遊說政府修法及改變政策，希望世界能朝「循環經濟」的方向前進，也就是提高材料的回收及再利用，並大幅減少廢棄物以達零廢棄的目標。在今日的生活中，非常多的產品（尤其是塑膠製品）都無法回收，想要真正做到循環經濟，我們得從文化上做出深刻的轉變。比方說，政府應修訂嚴格的規定，強迫製造商生產可徹底維修與回收的產品。

就本書探討過的多項概念與觀念，從維修咖啡廳到維修權法案，當中最引人注目的要點是，它們對於不同社群的人都有吸引力，包括保守派和自由派人士。我們對於維護與維修的發展懷抱希望，因為新的對話已然展開。有些人想提升公共基礎建設的耐用度，有些人想改善維護人員的工作待遇，還有一些人要解決社會不平等的棘手難題，不再讓劣質的環境加重邊緣及貧困社區的負擔。

諸多討論皆已翻開新的篇章。眼前迎向我們的，正是這些嶄新的對話以及繼之而來的改變契機。

後記

挽起袖子的時候到了

我們之所以會寫這本書，是想要提升大眾對維護作業的認識，以及提高照護及維修工作者的地位。而所有人接下來應該做的事，是培養更豐富、更有建設性的對話，並以此來推動社會整體的行動。更重要的是，跟維護有關的議題一定可以激發出更有啟發性的討論，這一點我們稍後會解釋。

但是，光有對話還不夠。同樣地，缺少對話的行動亦不足成事。正如我們在本書第三部所看到的，如今已經有許多人積極展開行動去推廣維護的觀念。不過，這些行動通常是個別而分散的，在規模和強度上尚不足以累積成一場強而有力的社會運動。

我們不認為當今社會缺少改善維護工作的經濟資源或技術。確實，這些工作有時成本很高，或很難找到合適的人選來做好。不過，這些問題都可以解決。我們生活在一個極其富裕的時代，教育機構雖然不盡完美，依然可以孕育出才華洋溢的工作者。

從許多人的身上我們見證到，只要跳脫尋常的思考角度，嘗試以不一樣的方式來維護世界，就能激發出十足的創造力。我們創立了全球跨領域、跨職業的維護者社群，以提醒大家，維持世界不停運轉的都是平凡的事情，包括維修和保養基礎建設。這項計畫的另一位主持人是潔西卡．邁爾森（Jessica Meyerson），她使勁全力安排各種活動，包含大型會議和視訊會議，並透過電子郵件及社群媒體與眾人交流。她也邀請特殊領域的專家來發表專題演講，例如數位典藏及勞動力發展。透過這些活動，我們為諸多政策、議題與倡議團體發聲，例如爭取維修權運動，也曾為圖書館員及檔案管理員規劃倡議工具包（advocacy too）。

在下文中，我們將會簡要重述，為了打造一個更重視維護的世界，許多行動不可或缺，而其中幾項我們在前面幾章已經提過。首先，我們把焦點放在維護者社群以及眾人所開啟的對話。我們深信，這些夥伴有極大的潛力能成為未來行動的推手。最令人感動的地方在於，這些各行各業的人士跟我們一樣擔憂創新的迷思正在摧毀社會，但也跟我們一樣盼望，重新推廣維護觀念，社會就能發展得更健全。

藉由以下的篇幅，我們要介紹幾位社會背景、職業和政治傾向截然不同的人，但都有志一同地想憑自己的長才打造更美好、更完善的世界。

政治立場不同的維護夥伴

我們在第十章介紹過的卡蜜爾·艾西常常透過電郵發送資訊給社群的成員們。卡蜜爾白天在一家新創軟體公司上班，並把公司和客戶的關係打理得很好。但對她來說，維護及照護的價值不光是如此。

卡蜜爾的父母從小就教育她要勇於對抗強權，二十多年來，她也一直是紐約市的社區行動分子。卡蜜爾的父親是在紐澤西州的紐瓦克長大，參與過黑人藝術運動（Black Arts Movement）。評論家指出，那次運動在美學及精神層次上再創黑人權力（Black Power）的高峰。[1]卡蜜爾的母親則是一名積極參與工會事務的護理師。二〇一六年大選過後，卡蜜爾開始在她的電子郵件簽名檔附上黑人女性主義作家奧德雷·洛德（Audre Lorde）的一段話：

> 照顧自己不是自我沉溺，而是自我保護，也是政治抗爭的手段。[2]

卡蜜爾強調，充滿關愛精神的維護工作最成效。

作家葛蕾西·歐姆斯特德（Gracy Olmstead）的政治立場位在光譜的另一端，不過她和卡蜜爾一樣強調自我照顧及社區關懷。葛蕾西來自愛達荷州，家中世世代代務農，但近幾十年來，她成長的小鎮趨於沒落。她的作品主要聚焦於農場的社會價值與再生農業的願景，包括培養地力、恢復生物多樣性、對抗氣候變遷、減低對環境的傷害等。[3]這個願景的核心精神就在於反抗「用完即丟」的文化。同樣地，教宗方濟在二〇一五年發表《願祢受讚頌》（Laudato si'）通諭，強烈地提醒大家要照顧我們的共同家園，許多保守派人士和天主教徒也紛紛響應。葛蕾西說：

我們丟掉了很多很棒、很美的東西。我們發展出了如此重視消費的文化，於是嚴重傷害了地球和我們自己。

跟許多美國人一樣，葛蕾西的信念與目前的執政團隊不怎麼相容。她在福音派的家庭中長大，也非常關心捍衛生命權（pro-life）、反墮胎的政治活動。她自認為是保守的基督徒，不過她也發現，在有些重要的價值觀上面，她的立場與現在的共和黨不合，例如社會正義、社區共融及環境保護等。

作為一個中間選民，葛蕾西說自己受丈夫的影響很深。她的丈夫是航電維修技師，是一名維護工作者。她說：

我們家裡的每一樣東西他都會修理，從洗碗機到洗衣機。他還會安裝水管，這樣就不用花錢請人來幫忙。最重要的是，他會修理電腦，因為我常常不小心把飲料灑在主機上。

葛蕾西不曾參加過維護者大會，不過，她於二〇一六年在《美國保守派》雜誌（*The American Conservative*）上發表文章，以呼應我們的〈維修人員萬萬歲〉：

很多人認為創新這個字眼帶有共和黨的色彩，因為我們重視資本主義、自由市場與創業精神。但是，身為保守派人士，更重要的是我們也渴望守護現有的一切。因此，我們非常感謝讓這個世界不停運轉的平凡勞動者，也願意跟其他人一起成為照料家園的維護者。憑著一樣的勤奮和熱忱，我們幫自己洗臉，也為花園拔去雜草。[4]

比約恩．韋斯特加德（Björn Westergard）也欣賞這樣的勞動精神。比約恩現居華盛頓特區，是全美公共廣播電台的高階軟體工程師。高中時期他在一家國防承包商實習，並因此打開了眼界。「在那之前，我一直以為自己該從事技術性的職業，這樣才能回饋社會。」他向一名記者說道。[5]後來他開始對勞工運動和社會主義很感興趣。

二〇一八年年初，比約恩在舊金山的軟體公司Lanetix工作，這家公司專門負責開發物流管理系統。他和幾名電腦部門的同事想要成立工會，但老闆得知後，很快就把他們這十五人全數開除。於是比約恩等人向國家勞動關係委員會（National Labor Relations Board）提出申訴。Lanetix在二〇一八年十一月同意和解，一共付給那群員工七十七萬五千美元。比約恩的個人經驗吻合我們在第八章引述過的研究結果：絕大多數的ＩＴ人員從事的都是維護類型的工作。

比約恩還負責管理一個臉書社團：「馬克思主義輕鬆聊」（Relaxed Marxist Discussion Group），其頭貼是兒童節目主持人弗雷德．羅傑斯（Fred Rogers）身穿紅色毛衣的照片，而毛衣上頭才印有象徵俄國革命的鐵鎚與鐮刀。馬克思主義者是出了名的易怒又愛搞派系，所以比約恩得費心地管理社團發言，才能維持一個輕鬆的環境；有時他還得建議成員加入其他可以批鬥彼此的馬克思主義討論社團。比約恩參加過前兩屆維護者大會，也會參與我們的各項討論。他一直很注重勞工權益，也致力於打造一個更公平的社會。

我們要介紹的第四位人物，是在第四章登場的強韌城鎮創辦人查克·馬羅恩，他也是二〇一九年第三屆維護者大會的主題演講者。馬羅恩從小在明尼蘇達州的布雷納德市長大，現居該地。他是一名具有自由主義傾向的保守派天主教徒，後來也推翻了自己在擔任工程師與城市規劃師時的既有觀念。如今馬羅恩堅信，改變要從小社區做起，這一點我們深有同感。聯邦政府確實能在很多方面幫得上忙，但是我們並不期待官僚體制會制定出周全的計畫，並為維護領域提供適當的資金和提升維護工作者的尊嚴。我們相信卡蜜爾、葛蕾西和比約恩也會同意這樣的看法。

從宗教看維修觀念

自從踏上組織維護者的道路後，我們不時發現，關於維護與維修的討論很容易落入傳統上的左右政治派別之分。維護者的社群會讀左派思想家如馬克思和漢娜·鄂蘭的著作，也會討論保守派學者埃德蒙·伯克和麥可·奧克肖特（Michael Oakeshott）的作品，以了解他們對維護議題抱持什麼樣的看法。令人驚訝的是，在這個意見分歧的時代，很少有事情可以像維護議題一樣獲得兩派人馬的支持。不過我們深信，只要大家願意好好坐下來談論維護與維修議題，黨派政治與認同都不重要。相較於今日那些用來騙點擊率的政治議題，我們所關心的領域更吸引人、更緊要迫切、也更大有可為。

我們也很驚訝地發現，有很多人是從宗教與靈性生活來重新認識維護工作。在第二屆維護者大會上，瓦倫．阿迪巴塔拉（Varun Adibhatla）播放了一張有兩組圖片並列的投影片。瓦倫是熱心公益的工程師，他常常用數位科技來改善維護作業。而他所呈現的第一組圖片上有三張臉：賈伯斯、馬斯克，以及塔特爾（Archibald Tuttle），後者是勞勃．狄尼洛在一九八五年電影《巴西》中所飾演的角色。塔特爾是個反體制、反政府的非法維修技師，他總是跳過繁文縟節，直接提供必要的服務。第二組圖片顯示的是三相神，即印度教的三位神明：創造之神梵天、毀滅之神濕婆以及守護之神毗濕奴。瓦倫想表達的意思很清楚，美國人把矽谷當成世界的中心，只崇拜賈伯斯與馬斯克的創造和改變精神，卻不夠重視維護，缺少如印度教神祇間的平衡。

在猶太教、基督教與伊斯蘭教等一神論傳統中，我們也能找到維護的觀念。九一一恐攻事件後，身兼牧師的兒童節目主持人弗雷德．羅傑斯在致詞時看著鏡頭說：

> 不管你我的工作是什麼，在如今這個世界裡，所有人都受到感召，要成為受造物的「修復者」（tikkun olam，希伯來語）。

透過維護觀念在政治及宗教方面的相關性，我們找到更深層的理念來推動社會運動，並更有力地去支持維護作業及維護人員。澳洲人類學家波妮塔．卡羅爾（Bonita Carroll）專門研究採礦業的維護人員，她跟我們強調，維護者運動方興未艾，仍是一片新天地：

以前政府發給民眾各種顏色的桶子，要我們把垃圾和回收物品分開。於是我們得主動、有意識地提醒自己，才能習慣垃圾分類。隨著時間過去，這件事情就變得自然又正常，好像我們天生下來就知道要這樣做。培養維護心態也一樣，我們的眼界會因此變得更廣，更懂得去欣賞物品的整個生命週期。

但我們也不要對政治有太天真的期待。即使進步派和保守派人士都承認維護工作的重要性，但還是會堅持用不一樣的方案去解決。我們在第六章提到，絕大多數的維護工作者都是窮忙族。針對這個難題，進步派人士會主張，提高最低工資就能幫助貧窮的維護人員及其家庭。保守派人士則認為，經過事實證明，強制加薪只會減少工作機會，反而會對窮人造成傷害。

不過，看到這麼多立場不同、做法相異的人在維護議題上切磋交流，令我們大感振奮。在討論「文化戰爭」等敏感議題時，大家就無法採取這樣的態度來交換意見。我們也相信，在維護議題上看法不同的各方人士都可以向彼此學習。你不必跟馬羅恩一樣討厭聯邦的建設計畫及開支，也能夠受惠於他的主張，即地方政府在投入基礎建設時應三思而後行。你不必是環保專家或是循環經濟的倡議者，也能認同科技產品應設計得更易於維護、更方便維修。

在維修咖啡廳和家電診所，大夥齊聚一堂，政黨和派系的分野消失了，左翼和右翼可以真心地學習對方的長處——只要大家都拿起螺絲起子。

有些人主張，太過注重維護事項的人會故步自封，只想維持現狀。但本書寫到現在，讀者已經明白曉得，我們所要打擊的對象是創新論的意識形態，而非創新本身。真正的創新與維護及維修密不可分。再者，在創新論最狂熱的時期，也就是從七〇年代至今日，整個社會在經濟等各層面的不平等持續加劇，而光是提倡創新並不能解決這些問題。

號召行動

我們當然很清楚，光是改變專業用語及行話，是無法改變物質或社會條件。因此，就算創新論走入歷史，我們也不會天真地以為問題從此解決。

那麼，要怎麼化思考為行動呢？我們跨出的第一步是成立維護者社群，並與潔西卡・邁爾森合力提升組織的活動力，以促進社群之間的對話。為什麼維護這個主題如此有趣、可以刺激到這麼多不一樣的人？這一點我們也很好奇、也想進一步了解。我們常常會以問題來開啟對話：

你希望哪些東西有人來維護？為什麼？
你所維護的對象或物品是什麼？
有哪些物品或人物在維護你的生活？
在你的人生中，有哪一位維護者是你心目中的模範？

我們向你保證，如果你加入維護者社群，我們絕不會跟你說有哪些明確又一勞永逸的步驟能解決問題。我們不相信有這種靈丹妙藥。正如我們在前幾章所指出的，文化會崩解，就是因為有世界級的顧問誇下海口，承諾有一應俱全的方法可以實現創新與成長。我們跟馬羅恩等維護者一樣，都認為那些「系統性方法」誤導了大家，以至於看不見生活中平凡而具體的現實。

然而，我們可以互相學習，並跟彼此分享有益的做法。在維護者社群，你會看到有一群人正在攜手合作，設法為人事物提供更妥善的照顧。我們渴望看見心中的願景實現，也很想知道，若能生活在一個充滿關愛的世界，內心會有怎樣的感受？

我們發現，從社會、組織及個人這三種行動規模來思考最有幫助。本書的第二部和第三部就是按照這三個層級來編排，第四章和第九章著重的是社會層面，第五章和第八章著重的是組織層面，第六章和第十章著重的是個人層面，第七章和第十一章則是著重於個人在家庭中所遇到的創新論及維護問題。

這三種不同的行動規模，在兩個極為重要的廣泛議題就能看出來。第一個是與種族、貧窮和障礙有關的社會不平等，第二個是氣候變遷。這些是生存問題。倘若我們無法在這些議題上取得進展，社會的永續性就恐怕會斷裂。

一如財富不平均的問題，維護資源的分配也不甚平等。一般而言，貧困、邊緣化和弱勢族群的社區都不會受到妥善的維護。處於劣勢的人連再平凡不過的現代科技也無權享有。我們在第四章便曾提到，阿拉巴馬州的朗茲郡由於缺乏水資源管理系統，所以出現許多鉤蟲感染病例。縱使他們有權享用這些系統，維護狀態也是差得可以。

在紐約、華盛頓特區等大城市的窮苦社區，地鐵站總顯得又醜又舊。公共住宅的居民得等上幾天或幾個星期，電梯才有可能修好。就讀老舊公立學校的學生，得忍受教室的屋頂漏水、暖氣故障和含鉛油漆剝落。沒錢的房客得面臨房東不肯維護建物的窘境，窮困潦倒的屋主只能一籌莫展地眼見屋況愈變愈差。此外，從無障礙坡道維護不善、電梯經常暫停使用的狀況看來，社會並沒有認真對待身障人士。

從這些角度來看，無論是何種領域的正義，都必須以維護和關懷為基礎。

氣候變遷的問題也一樣。想要深入解決這個問題，必須從技術層面上做出深刻的改變，其幅度比多數人所以為的還要巨大。當然，這樣的新科技也需要維護，只有採納維護心態，環保運動才有可能成功。不難想像，在綠色新政或其他大型聯邦計畫的支持下，政府會資助跟再生能源有關的設施，但還是不會加以維護。我們希望，國會議員在討論動輒數十億美元的基礎建設法案時，能夠了解到這樣的現實。畢竟，大家都認為這類議題最有可能達成協議、最不易受黨派分歧所影響。

在運動人士及綠色新政的倡議者大聲疾呼下，我們才意識到人類已面臨存亡之機。這當然不是個令人愉快的話題，但是有責任心的大人都應該加以思忖。面對有害的科技，我們該做的是停止維護、將之報廢，比如燃煤發電廠和採煤業。我們可以發揮創意來重新利用這些設施及其佔據的空間，進而滋養彼此的生活，例如將工業場址改造為歷史園區，把鐵軌路基轉型成悠閒的步道，一如紐約市備受讚譽的高架公園（High Line）。

以下這些難解的問題需要大家集思廣益、一同思索：

該如何處理累積已久的延期維護問題，又從何找到經費？

該如何導正聯邦政府的基礎建設政策以幫助地方發展，而非要它們負擔養不起的系統？

該不該把擁有乾淨的水源、穩定的電力系統等現代基礎建設視為人權？

要怎麼改變文化，讓大眾重視維護、不再重蹈覆轍？

怎麼確保維護工作者、那些維持社會運作的人能獲得認同與足夠的報酬？

要怎麼幫助個人及家庭去面對沉重的居家維護與照護負擔？

一如我們在本書中看到的，窮人、老年人及弱勢者所承受的維護壓力最大。問問自己，你希望看到心愛的人過怎樣的生活、如何死去？你自己想過的是什麼樣的生活、想如何死去？如果我們告訴你，我們曉得這些問題的答案，那就是在說謊。不過，藉由這本書的指引，或許你已經知道該往哪裡尋找答案。

你希望現況如何發展下去？答案由你來揭曉——我們洗耳恭聽。

致謝

我們常常會看到，作者在謝詞中表達要感謝的對象太多、無法一一列名的遺憾，畢竟一本書要能夠完成，需要借助許多人的幫助。因此你可以想像，在我們寫完這本頌揚維護者的書時——是他們的辛勤勞動遏止混亂之力作祟，浮現在我們心中的無力感有多麼強烈。不過，我們仍不免俗地想要在此感謝幾位一路支持我們的貴人。

Aeon 資深編輯山姆・哈索比（Sam Haselby）是第一位促使我們起心動念，把關於維護人員的玩笑話轉變成以維護為主題的嚴謹考察的人。Aevitas Creative 的勞倫・夏普（Lauren Sharp）鼓勵我們把這項計畫編寫成書，帶領我們踏進商業出版的世界。能夠與 Currency 出版社才華洋溢的編輯德瑞克・里德（Derek Reed）合作，我們不曉得在心裡暗自慶幸過多少次。感謝藍燈書屋的製作團隊，尤其是大膽無畏的編審莫琳・克拉克（Maureen Clark）和資深製作編輯羅伯特・西克（Robert Siek），統整我們的拙劣文筆與薄弱論點。感謝以上這些人，以及為出版業默默奉獻付出、讓這本書能夠順利誕生的維護者。

我們也很幸運能夠認識維護者協會的聯合主持人潔西卡・邁爾森，她是個熱情的開心果，總是活力四射。我們非常感謝協會的所有成員，包括加入電郵聯絡清單的人、來參加過年度會議的人，感謝大家願意成立一個社群來發展這些構想。最後，我們想要向為了這本書接受過我們訪問的幾十個人表達感謝，謝謝他們提供給我們的時間、精神與坦誠。

我們有太多同儕、朋友和同事要感謝，其中特別令我們感到溫暖與感激之情的人有：大衛・布洛克（David C. Brock）、珍妮・凱斯（Jenni Case）、朱莉安娜・卡斯卓、納撒尼爾・康福特（Nathanial Comfort）、露絲・考恩、大衛・艾傑頓、布萊德・菲德勒（Brad Fidler）、尤利婭・弗朗默（Yulia Frumer）、盧・加蘭博斯（Lou Galambos）、塞斯・哈爾沃森（Seth Halvorson）、約翰・霍根（John Horgan）、薩曼莎・克萊因伯格（Samantha Kleinberg）、史考特・諾爾斯、比爾・萊斯利（Bill Leslie）、泰瑞莎・麥克菲爾、詹姆斯・麥克萊倫三世（James E. McClellan III）、派翠克・麥克雷（Patrick McCray）、貝瑟尼・諾維斯基（Bethany Nowviskie）、比爾・帕斯洛、布萊德・帕斯洛（Brad Parslow）、菲爾・斯克蘭頓（Phil Scranton）、布萊恩・蕭（Brian Shaw）、艾瑞克・斯托茨（Eric Stotts）、史蒂芬・烏塞爾曼（Steven Usselman）、海蒂・沃斯庫爾（Heidi Voskuhl）和班・沃特豪斯（Ben Waterhouse）。

安德魯想要感謝他的父母賴瑞和卡蘿・羅素的耐心與支持；以及他的妻兒蕾絲莉、瑞絲和卡爾文帶給他的快樂。

李想要感謝他的妻子和小孩艾比蓋、亨麗埃塔和阿爾班，以及他忠實可靠的狗兒男爵，讓他的人生值得維護。

這本書有一部分的研究作業始於李在密蘇里州堪薩斯城的科學工程圖書館「琳達・霍爾圖書館」(Linda Hall Library）擔任研究員的時期。我們非常感謝圖書館所提供的研究支持，並且慷慨贊助維護者協會的聯歡聚會活動。另外，也特別感謝圖書館的班・克羅斯（Ben Gross）所給予我們的指導、友情與鼓勵。

這本書要獻給所有的維護人員，是你們讓世界最美好、也最必要的部分持續運轉，包括清潔人員、提供修繕服務的水電技師、屋頂維修工、醫療人員以及負責維護電力、排水、數據資訊及交通運輸等基礎系統的員工。本書還要獻給美國科技史協會（Society for the History of Technology），我們的啟蒙家園，這本書的起始點。

index.html.
12. iFixit, "Introducing Repair Tips from the Fixit Clinic with Peter Mui," YouTube, July 18, 2019, https://www.youtube.com/watch ?v = 1IJwpFBmTGk.
13. Peter Mui, "Celebrating Repair at Fixit Clinic," iFixit, July 11, 2016, https://www.ifixit.com/News/celebrating-repair-fixit-clinic.
14. Jason Koebler, "Apple Tells Lawmaker That Right to Repair iPhones Will Turn Nebraska into a 'Mecca' for Hackers," *Vice,* February 17, 2017, https://www.vice.com/en_us/article/pgxgpg/apple-tells-lawmaker-that-right-to-repair-iphones-will-turn-nebraska-into-a-mecca-for-hackers.
15. Claire Bushey, "Why Deere and Cat Don't Want Customers to Do It Themselves," *Crain's Chicago Business,* May 10, 2019; Antonio Villas-Boas, "Apple Quoted Me $1,500 to Repair a MacBook Pro, So I Paid Less Than $500 at an 'Unauthorized' Apple Repair Shop Instead," *Business Insider,* December 16, 2018, https://www.businessinsider.com/apple-macbook-pro-repair-quote-unauthorized-2018-12.
16. Richard Orange, "Waste Not Want Not: Sweden to Give Tax Breaks for Repairs," *Guardian,* September 19, 2016.

後記

1. Larry Neal, "The Black Arts Movement," *Drama Review* (Summer 1968), at nationalhumanitiescenter.org/pds/maai3/community/text8/blackartsmovement.pdf.
2. Audre Lorde, *A Burst of Light* (Ithaca, NY: Firebrand Books, 1988), 130.
3. "Why Regenerative Agriculture?" Regeneration International, https://regenerationinternational.org/why-regenerative-agriculture/.
4. Gracy Olmstead, "The Perils of Innovation," *American Conservative,* April 15, 2016.
5. Sean Captain, "How a Socialist Coder Became a Voice of Engineers Standing Up to Management," *Fast Company,* October 15, 2018.

https://nolanlawson.com/2017/03/05/what-it-feels-like-to-be-an-open-source-maintainer/. 如欲了解有關這項主題更概括性的論述，請參見：Nadia Eghbal, Roads and Bridges: The Unseen Labor behind Our Digital Infrastructure, Ford Foundation, 2016, https://www.fordfoundation.org/media/2976/roads-and-bridges-the-unseen-labor-behind-our-digital-infrastructure.pdf.

18. Kyle Wiens, "The New MacBook Pro: Unfixable, Unhackable, Untenable," *Wired,* June 14, 2012; Caroline Haskins, "AirPods Are a Tragedy," *Motherboard,* May 6, 2019, https://www.vice.com/en_us/article/neaz3d/airpods-are-a-tragedy.
19. Jason Farman, "Repair and Software: Updates, Obsolescence, and Mobile Culture's Operating Systems," *Continent* 6.1 (2017), http://www.continentcontinent.cc/index.php/continent/article/view/275
20. Ariya Hidayat, "Customer Story," GitHub, https://github.com/customer-stories/ariya; Henry Zhu, "Customer Story," GitHub, https://github.com/customer-stories/hzoo.
21. Linus Torvalds and David Diamond, *Just for Fun: The Story of an Accidental Revolutionary* (New York: HarperCollins, 2001), 238

第十一章

1. Justin Ward, "Don't Toss It, Fix It: Habitat for Humanity Brings Repair Cafe to NRV," WDBJ7, January 26, 2017, https://www.wdbj7.com/content/news/Dont-toss-it-fix-it-Habitat-for-Humanity-brings-Repair-Cafe-to-NRV-411924655.html.
2. Tonia Moxley, "Repair Cafe Hopes to Combat Today's Throw-Away Mindset," *Roanoke Times,* October 14, 2017.
3. 本段及下段中的引言皆是引述自：Tonia Moxley, "First Tool 'Library' Meant to Build Community Self-Reliance," *Roanoke Times*, October 8, 2018.
4. Haley Stewart, *The Grace of Enough: Pursuing Less and Living More in a Throwaway Culture* (Notre Dame, IN: Ave Maria Press, 2018), xviii.
5. Ruth Schwartz Cowan, *More Work for Mother: The Ironies of Household Technology from the Open Hearth to the Microwave* (New York: Basic Books, 1983), 216.
6. Cowan, *More Work for Mother,* 218.
7. Cowan, *More Work for Mother,* 219.
8. Cowan, *More Work for Mother,* 219.
9. Nicholas Gerbis, "How Much Does Auto Maintenance Cost over Time?," HowStuffWorks, https://auto.howstuffworks.com/under-the-hood/cost-of-car-ownership/auto-maintenance-cost.htm.
10. Zack Friedman, "78% of Workers Live Paycheck to Paycheck," *Forbes,* January 11, 2019.
11. Maurie Backman, "Nearly 3 in 5 Americans Are Making This Huge Financial Mistake," CNN Money, October 24, 2016, https://money.cnn.com/2016/10/24/pf/financial-mistake-budget/

fa52e0e8d2e3.

6. Glenn, 3.
7. Glenn, 4.
8. Nancy Fraser, "Contradictions of Capital and Care," *New Left Review* 100 (2016).
9. Oriana Pawlyk, "The Air Force Has Fixed Its Active-Duty Maintainer Shortage, SecAF Says," Military.com, February 8, 2019, https://www.military.com/dodbuzz/2019/02/08/air-force-has-fixed-its-active-duty-maintainer-shortage-secaf-says.html. 亦請參見：U.S. Department of Defense, "Aircraft Maintainers: Lifelines of the Air Force," January 11, 2019, https://www.defense.gov/explore/story/Article/1729504/aircraft-maintainers-lifelines-of-the-air-force/.
10. "Average Size of US Homes, Decade by Decade," Newser, May 29, 2016, https://www.newser.com/story/225645/average-size-of-us-homes-decade-by-decade.html.
11. 亦請參見：u/H0stusM0stus, "One Maintainers Opinion on Why Maintainers Are Not Staying In," Reddit, subreddit r/AirForce, https://www.reddit.com/r/AirForce/comments/3tez9v/one_maintainers_opinion_on_why_maintainers_are/.
12. 請參見：*The Moderators*, directed by Ciaran Cassidy and Adrian Chen (2017), https://vimeo.com/239108604; Tarleton Gillespie, *Custodians of the Internet: Platforms, Content Moderation, and the Hidden Decisions That Shape Social Media* (New Haven, Conn.: Yale University Press, 2018); Sarah T. Roberts, *Behind the Screen: Content Moderation in the Shadows of Social Media* (New Haven, Conn.: Yale University Press, 2019); Mary L. Gray and Siddharth Suri, *Ghost Work: How to Stop Silicon Valley from Building a New Global Underclass* (Boston: Houghton Mifflin Harcourt, 2019).
13. Rosalind Williams in *The Durability Factor: A Guide to Finding Long-Lasting Cars, Housing, Clothing, Appliances, Tools, and Toys*, ed. Roger B. Yepsen, Jr. (Emmaus, PA: Rodale Press, 1982), 12.
14. K. E. McFadden, "Garagecraft: Tinkering in the American Garage" (PhD diss., University of South Carolina, 2018), 31.
15. Patrick Sisson, "Self-Storage: How Warehouses for Personal Junk Became a $38 Billion Industry," Curbed, March 27, 2018, https://www.curbed.com/2018/3/27/17168088/cheap-storage-warehouse-self-storage-real-estate.
16. Emily Beater, "Social Care Robots Privatise Loneliness, and Erode the Pleasure of Being Truly Known," New Statesman America, August 7, 2019. 這篇文章採訪了一位名叫凱西（Casey）的照護人員：「凱西照顧的那位女士，很喜歡凱西每次來訪時總會為她倒上一杯葡萄酒，或是幫她檢查冷凍庫裡她愛吃的冰淇淋快吃完了沒有。這些事情交給居家健康機器人也能做得到。那位客戶永遠不用擔心沒有冰淇淋可以吃，機器人會預先下好訂單，確保冷凍庫永遠塞得滿滿的。但是，那位客戶卻會因此錯失與凱西相遇的機會；失去那種知道有另一個人記得自己、認識自己的快樂。」
17. Nolan Lawson, "What It Feels Like to Be an Open-Source Maintainer," March 5, 2017,

October 15, 2018, https://www.earthmagazine.org/article/dutch-masters-netherlands-exports-flood-control-expertise.
13. “Dutch Dialogues: New Orleans,” Waggonner & Ball, https://wbae.com/projects/dutch_dialogues_new_orleans.
14. Bush, “What Would It Take to Fix America’s Crumbling Infrastructure?”
15. “Crumbling Infrastructure Is a Worldwide Problem,” *Economist,* August 18, 2018.
16. Bobby Allyn and Frank Langfitt, “Leaked Brexit Document Depicts Government Fears of Gridlock, Food Shortages, Unrest,” NPR, August 18, 2019, https://www.npr.org/2019/08/18/752173091/leaked-brexit-document-depicts-government-fears-of-gridlock-food-shortages-unrest.
17. New York Post Editorial Board, “The $2B Lunacy of the LaGuardia AirTrain,” *New York Post,* July 1, 2019.
18. TransitCenter, “Who’s on Board 2016: What Today’s Riders Teach Us about Transit That Works,” November 21, 2016, https://transitcenter.org/publication/whos-on-board-2016/.
19. “Bus Turnaround: 2018: Fast Bus, Fair City,” BusTurnaround.nyc, http://busturnaroundn.wpengine.com/wp-content/uploads/2018/07/BusTurnaroundAction-Plan.pdf.
20. TransitCenter, “Getting to the Route of It: The Role of Governance in Regional Transit,” October 9, 2014, https://transitcenter.org/getting-to-the-route-of-it/.
21. TransitCenter, “Getting to the Route of It.”
22. TransitCenter, “Getting to the Route of It.”

第十章

1. YouGov, September 10, 2013, http://cdn.yougov.com/cumulus_uploads/document/ypg8eyjbsv/tabs_skincare_0910112013.pdf.
2. Kaitlyn McLintock, “The Average Cost of Beauty Maintenance Could Put You through Harvard,” Byrdie, June 26, 2017, https://www.byrdie.com/average-cost-of-beauty-maintenance.
3. Cass R. Sunstein, “It Captures Your Mind,” *New York Review of Books,* September 26, 2013.
4. “Weight Management,” Boston Medical Center, https://www.bmc.org/nutrition-and-weight-management/weight-management; Michael Hobbes, “Everything You Know about Obesity Is Wrong,” *Highline,* September 19, 2018, https://highline.huffingtonpost.com/articles/en/everything-you-know-about-obesity-is-wrong/.
5. The Kitchen Sisters, “The Working Tapes of Studs Terkel,” http://www.kitchensisters.org/present/the-working-tapes-of-studs-terkel/. 有關麥克資金來源與政治立場的批評指責，請參見：Nima Shirazi and Adam Johnson, “Episode 64: Mike Rowe’s Koch-Backed Working Man Affectation,” Citations Needed, January 30, 2019, https://medium.com/@CitationsPodcst/episode-64-mike-rowes-koch-backed-working-man-affectation-

13. Steve Lohr, "G.E., the 124-Year-Old Software Start-Up," *New York Times*, August 27, 2016.
14. "Bringing Maintenance into the Fourth Industrial Revolution," *Manufacturers' Monthly*, December 17, 2018.
15. "Business Roundtable Supports Move Away from Short-Term Guidance," https://www.businessroundtable.org/archive/media/news-releases/business-roundtable-supports-move-away-short-term-guidance.

第九章

1. Kim Dacey, "Report Says Water Affordability Is Race Issue in Baltimore," WBAL-TV, June 12, 2019, https://www.wbaltv.com/article/water-affordability-a-race-issue-in-baltimore-report/27921606#.
2. Daniel Bush, "What Would It Take to Fix America's Crumbling Infrastructure?" *PBS NewsHour*, January 8, 2018, https://www.pbs.org/newshour/economy/making-sense/what-would-it-take-to-fix-americas-crumbling-infrastructure.
3. Bipartisan Policy Center, "Bridging the Gap Together: A New Model to Modernize U.S. Infrastructure," May 2016, https://bipartisanpolicy.org/wp-content/uploads/2019/03/BPC-New-Infrastructure-Model.pdf.
4. Bipartisan Policy Center, 44.
5. Jill Eicher, "Some Love for the Infrastructure We Already Have," Governing, February 4, 2019, https://www.governing.com/gov-institute/voices/col-infrastructure-deferred-maintenance-balance-sheets-financial-reports.html.
6. Charles L. Marohn, "Misunderstanding Mobility" in *Thoughts on Building Strong Towns*, vol. 1 (CreateSpace Independent Publishing Platform, 2012), 48–75.
7. Marc Reisner, *Cadillac Desert: The American West and Its Disappearing Water* (New York: Penguin, 1993), 3.
8. Seki, "Managing Maintenance on the Tokaido Shinkansen," *Railway Gazette International*, August 1, 2003.
9. Christopher Ingraham, "The Sorry State of Amtrak's On-Time Performance, Mapped," *Washington Post*, July 10, 2014.
10. Amtrak, *Amtrak Five Year Equipment Asset Line Plan: Base (FY 2019) + Five Year Strategic Plan (FY 2020–2024)*, https://www.amtrak.com/content/dam/projects/dotcom/english/public/documents/corporate/businessplanning/Amtrak-Equipment-Asset-Line-Plan-FY20-24.pdf.
11. Richard Medhurst, "Doctor Yellow Keeps the Shinkansen Network Healthy," Nippon.com, April 28, 2016, https://www.nippon.com/en/nipponblog/m00107/doctor-yellow-keeps-the-shinkansen-network-healthy.html.
12. Chris Iovenko, "Dutch Masters: The Netherlands Exports Flood-Control Expertise," *EARTH*,

第八章

1. Wei Lin Koo and Tracy Van Hoy, "Determining the Economic Value of Preventive Maintenance," Jones Lang LaSalle, https://gridium.com/wp-content/uploads/economic-value-of-preventative-maintenance.pdf.
2. Augury, "Case Study: Large Home Appliance, Refrigerator Manufacturing Facility," http://info.augury.com/Appliance-Manufacturing-Case-Study-WEB-pdf.html, and Augury, "Case Study: Medical Device Manufacturing Facility," http://info.augury.com/Hologic-Case-Study-Augury-pdf.html.
3. Andrea Goulet, email to Andrew Russell, November 16, 2017.
4. Netflix Technology Blog, "The Netflix Simian Army," Medium, July 19, 2011, https://medium.com/netflix-techblog/the-netflix-simian-army-16e57fbab116. See also "The Origin of Chaos Monkey: Why Netflix Needed to Create Failure," Gremlin, October 16, 2018, https://www.gremlin.com/chaos-monkey/the-origin-of-chaos-monkey/.
5. Congressional Budget Office, "Trends in Spending by the Department of Defense for Operation and Maintenance," January 5, 2017, ttps://www.cbo.gov/publication/52156.
6. Nicolas Niarchos, "How the U.S. Is Making the War in Yemen Worse," *New Yorker,* January 15, 2018.
7. Congressional Budget Office, "The Depot-Level Maintenance of DoD's Combat Aircraft: Insights for the F-35," February 16, 2018, https://www.cbo.gov/publication/53543; Congressional Budget Office, "Trends in Spending by the Department of Defense for Operation and Maintenance."
8. ISO 55000:2014(en) "Asset Management—Overview, Principles and Terminology," https://www.iso.org/obp/ui/#iso:std:iso:55000:ed-1:v2:en.
9. "Corporate Social Responsibility," Fiix, https://www.fiixsoftware.com/csr/; Craig Daniels, "How One CEO Hardwired His Company for Good," Communitech News, May 24, 2018, https://news.communitech.ca/how-one-ceo-hardwired-his-company-for-good/.
10. Julie E. Wollman, "A Burst Pipe Brings a Flood of Insights for a University President," *Chronicle of Higher Education,* April 23, 2019.
11. "Computerized Maintenance Management System (CMMS) Software Market 2019 Global Industry—Key Players, Size, Trends, Opportunities, Growth Analysis and Forcecast to 2025," press release, MarketWatch, February 7, 2019, https://www.marketwatch.com/press-release/computerized-maintenance-management-system-cmms-software-market-2019-global-industry---key-players-size-trends-opportunities-growth-analysis-and-forecast-to-2025-2019-02-07.
12. Grand View Research, "Industrial IoT Market Size Worth $949.42 Billion by 2025," June 2019, https://www.grandviewresearch.com/press-release/global-industrial-internet-of-things-iiot-market.

5. Evelyn Nakano Glenn, *Forced to Care: Coercion and Caregiving in America* (Cambridge, Mass.: Harvard University Press, 2012), 2; A. W. Geiger, Gretchen Livingston, and Kristen Bialik, "6 Facts about U.S. Moms," Pew Research Center, May 8, 2019, https://www.pewresearch.org/fact-tank/2019/05/08/facts-about-u-s-mothers/.
6. Glenn, 3.
7. Glenn, 4.
8. Nancy Fraser, "Contradictions of Capital and Care," *New Left Review* 100 (2016).
9. Claire Cain Miller, "How Same-Sex Couples Divide Chores, and What It Reveals about Modern Parenting," *New York Times,* May 16, 2018.
10. "Average Size of US Homes, Decade by Decade," Newser, May 29, 2016, https://www.newser.com/story/225645/average-size-of-us-homes-decade-by-decade.html.
11. Jessica Guerin, "Americans Are Way More in Debt Now Than They Were after the Financial Crisis," HousingWire, February 12, 2019, https://www.housingwire.com/articles/48162-americans-are-way-more-in-debt-now-than-they-were-after-the-financial-crisis.
12. Veronica Mosqueda and Rob Wohl, "A Columbia Heights Rent Strike Highlights Abuses Low-Income Tenants Face in DC," Greater Greater Washington, April 3, 2019, https://ggwash.org/view/71558/a-columbia-heights-rent-strike-highlights-abuses-tenants-face-in-dc.
13. Rosalind Williams in *The Durability Factor: A Guide to Finding Long-Lasting Cars, Housing, Clothing, Appliances, Tools, and Toys,* ed. Roger B. Yepsen, Jr. (Emmaus, PA: Rodale Press, 1982), 12.
14. K. E. McFadden, "Garagecraft: Tinkering in the American Garage" (PhD diss., University of South Carolina, 2018), 31.
15. Patrick Sisson, "Self-Storage: How Warehouses for Personal Junk Became a $38 Billion Industry," Curbed, March 27, 2018, https://www.curbed.com/2018/3/27/17168088/cheap-storage-warehouse-self-storage-real-estate.
16. Arielle Bernstein, "Marie Kondo and the Privilege of Clutter," *Atlantic,* March 25, 2016.
17. Antonio Villas-Boas, "Apple Quoted Me $1,500 to Repair a MacBook Pro, So I Paid Less Than $500 at an 'Unauthorized' Apple Repair Shop Instead," *Business Insider,* December 16, 2018, https://www.businessin sider.com/apple-macbook-pro-repair-quote-unauthorized-2018-12.
18. Kyle Wiens, "The New MacBook Pro: Unfixable, Unhackable, Untenable," *Wired,* June 14, 2012; Caroline Haskins, "AirPods Are a Tragedy," *Motherboard,* May 6, 2019, https://www.vice.com/en_us/article/neaz3d/airpods-are-a-tragedy.
19. Jason Farman, "Repair and Software: Updates, Obsolescence, and Mobile Culture's Operating Systems," *Continent* 6.1 (2017), http://www.continentcontinent.cc/index.php/continent/article/view/275.

這項研究使用了來自通用汽車、電信公司GTE，以及兩支美國空軍部隊的數據。綜合以上數據，該篇論文指出，維護事項的花費介於軟體整體成本的百分之六十至八十；請參見B. W. Boehm, "Software Engineering," *IEEE Transactions on Computers* 25, no. 12 (1976), 1226–41.

10. Trent Hamm, "Why You Should Consider Trade School Instead of College," The Simple Dollar, January 24, 2019, https://www.thesimpledollar.com/investing/college/why-you-should-consider-trade-school-instead-of-college/.
11. 梅琳達·霍德凱維奇寄來的電子郵件，二零一七年六月五日。
12. Matthew Yglesias, "The 'Skills Gap' Was a Lie," Vox, January 7, 2019, https://www.vox.com/2019/1/7/18166951/skills-gap-modestino-shoag-ballance.
13. Borg, *Auto Mechanics,* 5.
14. Kari Paul, "Division of Labor Is a Big Problem at Work: Women Are Asked to Do 'Office Housework' by Their Male Co-workers," MarketWatch, May 12, 2019, https://www.marketwatch.com/story/already-paid-less-than-men-women-are-still-asked-to-do-the-office-housework-2018-10-08.
15. Charles Taylor, "The Politics of Recognition," in *Multiculturalism: Examining the Politics of Recognition,* ed. Amy Gutmann (Princeton, N.J.: Princeton University Press, 1994), 25–73.
16. Verónica Caridad Rabelo and Ramaswami Mahalingam, " 'They Really Don't Want to See Us': How Cleaners Experience Invisible 'Dirty' Work," *Journal of Vocational Behavior* 113 (2019), 103–14.
17. "2019 Health & Human Services Poverty Guidelines," Paying for Senior Care, May 2019, https://www.payingforseniorcare.com/longtermcare/federal-poverty-level.html.
18. "What Is the Current Poverty Rate in the United States?" Center for Poverty Research, University of California, Davis, October 15, 2018, https://poverty.ucdavis.edu/faq/what-current-poverty-rate-united-states

第七章

1. YouGov, September 10, 2013, http://cdn.yougov.com/cumulus_uploads/document/ypg8eyjbsv/tabs_skincare_0910112013.pdf.
2. Kaitlyn McLintock, "The Average Cost of Beauty Maintenance Could Put You through Harvard," Byrdie, June 26, 2017, https://www.byrdie.com/average-cost-of-beauty-maintenance.
3. Cass R. Sunstein, "It Captures Your Mind," *New York Review of Books,* September 26, 2013.
4. "Weight Management," Boston Medical Center, https://www.bmc.org/nutrition-and-weight-management/weight-management; Michael Hobbes, "Everything You Know about Obesity Is Wrong," *Highline,* September 19, 2018, https://highline.huffingtonpost.com/articles/en/everything-you-know-about-obesity-is-wrong/.

Tech Debacles of the Decade," Hack Education, December 31, 2019, http://hackeducation.com/2019/12/31/what-a-shitshow.

19. Morgan G. Ames, *The Charisma Machine: The Life, Death, and Legacy of One Laptop per Child* (Cambridge, Mass.: MIT Press, 2019); Marc Tracy and Tiffany Hsu, "Director of M.I.T.'s Media Lab Resigns After Taking Money from Jeffrey Epstein," *New York Times*, September 7, 2019.
20. Roderic N. Crooks, "The Coded Schoolhouse: One-to-One Tablet Computer Programs and Urban Education" (PhD diss., UCLA, 2016).
21. Max Roser, Hannah Ritchie, and Bernadeta Dadonaite, "Child & Infant Mortality," Our World in Data, 2019, https://ourworldindata.org/child-mortality.
22. Lisa Rapaport, "U.S. Health Spending Twice Other Countries' with Worse Results," Reuters, March 13, 2018, https://www.reuters.com/article/us-health-spending/u-s-health-spending-twice-other-countries-with-worse-results-idUSKCN1GP2YN.
23. FDA, Office of Orphan Products Development, Orphan Drug Designation and Approval Database, https://www.accessdata.fda.gov/scripts/opdlisting/oopd/.

第六章

1. Deborah M. Gordon, "Dynamics of Task Switching in Harvester Ants," *Animal Behaviour* 38, no. 2 (1989): 194–204.
2. Anuradha Nagaraj, "Activist Helping Lower Castes in India Forced to Clean Toilet Feces by Hand," *HuffPost*, July 28, 2016, https://www.huffpost.com/entry/activist-helping-lower-castes-in-india-forced-to-clean-toilet-feces-by-hand_n_579a28b7e4b02d5d5ed4ab7d.
3. Associated Press, "The 'Untouchables' of Yemen Caught in Crossfire of War," Fox News, May 17, 2016, https://www.foxnews.com/world/the-untouchables-of-yemen-caught-in-crossfire-of-war.
4. Melanie Mills, Shirley K. Drew, and Bob M. Gassaway, introduction to *Dirty Work: The Social Construction of Taint* (Waco, Tex.: Baylor University Press, 2007), 1.
5. Kevin L. Borg, *Auto Mechanics: Technology and Expertise in Twentieth-Century America* (Baltimore: Johns Hopkins University Press, 2007).
6. John Levi Martin, "What Do Animals Do All Day?: The Division of Labor, Class Bodies, and Totemic Thinking in the Popular Imagination," *Poetics* 27 (2000), 195–231.
7. Carl Hendrick, "Why Schools Should Not Teach General Critical-Thinking Skills," *Aeon*, December 5, 2016, https://aeon.co/ideas/why-schools-should-not-teach-general-critical-thinking-skills.
8. David Edgerton, *The Shock of the Old: Technology and Global History Since 1900* (New York: Oxford University Press, 2011).
9. 早期的軟體工程權威巴利・伯姆（Barry Boehm）在一九七六年發表了一篇研究論文，

2019; Emma Newburger, " 'There Are Lives at Stake': PG&E Criticized over Blackouts to Prevent California Wildfires," CNBC, October 23, 2019, https://www.cnbc.com/2019/10/23/pge-rebuked-over-imposing-blackouts-in-california-to-reduce-fire-risk.html.
5. Cody Ogden, "Google Graveyard—Killed by Google," https://killedby google.com/.
6. Natalie Kitroeff and David Gelles, "Claims of Shoddy Production Draw Scrutiny to a Second Boeing Jet," *New York Times*, April 20, 2019.
7. "Letter from Tim Cook to Apple Investors," Apple.com, January 2, 2019, https://www.apple.com/newsroom/2019/01/letter-from-tim-cook-to-apple-investors/.
8. Michael Sokolove, "How to Lose $850 Million—and Not Really Care," *New York Times*, June 9, 2002.
9. Peter Cohan, "Why Stack Ranking Worked Better at GE Than Microsoft," *Forbes*, July 13, 2012.
10. Drake Bennett, "How GE Went from American Icon to Astonishing Mess," *Bloomberg Businessweek*, February 1, 2018.
11. James B. Stewart, "Did the Jack Welch Model Sow Seeds of G.E.'s Decline?," *New York Times*, June 15, 2017; Jeff Spross, "The Fall of GE," *The Week*, March 19, 2018.
12. ASCE, "2017 Infrastructure Report Card: Schools," https://www.infrastructurereportcard.org/cat-item/schools/.
13. "Moody's—US Higher Education Outlook Remains Negative on Low Tuition Revenue Growth," Moody's, December 5, 2018, https://www.moodys.com/research/Moodys-US-higher-education-outlook-remains-negative-on-low-tuition—PBM_1152326
14. 請參見Christopher Newfield, *The Great Mistake: How We Wrecked Public Universities and How We Can Fix Them* (Baltimore: Johns Hopkins University Press, 2016); Elizbeth Popp Berman, *Creating the Market University: How Academic Science Became an Economic Engine* (Princeton, N.J.: Princeton University Press, 2011); Paul Nightingale and Alex Coad, "The Myth of the Science Park Economy," *Demos Quarterly*, issue 2 (Spring 2014).
15. Matthew Lynch, "Chronicling the Biggest EdTech Failures of the Last Decade," Tech Advocate, July 10, 2019, https://www.thetechedvocate.org/chronicling-the-biggest-edtech-failures-of-the-last-decade/.
16. Jill Barshay, "Research Shows Lower Test Scores for Fourth Graders Who Use Tablets in Schools," Hechinger Report, June 10, 2019, https://hechingerreport.org/research-shows-lower-test-scores-for-fourth-graders-who-use-tablets-in-schools/.
17. Christo Sims, "How Idealistic High-Tech Schools Often Fail to Help Poor Kids Get Ahead," Zócalo Public Square, June 13, 2019, https://www.zocalopublicsquare.org/2019/06/13/how-idealistic-high-tech-schools-often-fail-to-help-poor-kids-get-ahead/ideas/essay/.
18. Christo Sims, *Disruptive Fixation: School Reform and the Pitfalls of Techno-Idealism* (Princeton, N.J.: Princeton University Press 2017), 11; Audrey Watters, "The 100 Worst Ed-

February 4, 2015, https://www.strongtowns.org/journal/2015/2/3/can-you-be-an-engineer-and-speak-out-for-reform.
24. 人口估計值是參考M. B. Pell and Joshua Schneyer, "Thousands of U.S. Areas Afflicted with Lead Poisoning beyond Flint's," Scientific American, December 19, 2016推斷得來。
25. Connor Sheets, "UN Poverty Official Touring Alabama's Black Belt: 'I Haven't Seen This' in the First World," AL.com, December 8, 2017, https://www.al.com/news/2017/12/un_poverty_official_touring_al.html.
26. Carlos Ballesteros, "Alabama Has the Worst Poverty in the Developed World, U.N. Official Says," *Newsweek,* December 10, 2017.
27. Ed Pilkington, "Hookworm, a Disease of Extreme Poverty, Is Thriving in the US South. Why?," *Guardian,* September 5, 2017.
28. Pilkington, "Hookworm."

第五章

1. George Bradt, "GE CEO Jeff Immelt's Long-Term View 10 Years In," *Forbes,* September 7, 2011; Jeffrey R. Immelt, "The Importance of Growth," GE Reports, June 17, 2015, https://www.ge.com/reports/post/121765814053/immelt-importance-of-growth/.
2. Eli Cook, *The Pricing of Progress: Economic Indicators and the Capitalization of American Life* (Cambridge, Mass.: Harvard University Press, 2017), 16. 關於生產力與成長的論述，亦請參見Robert J. Gordon, *The Rise and Fall of American Growth: The U.S. Standard of Living since the Civil War* (Princeton, N.J.: Princeton University Press, 2016)，以及Robert M. Collins, *More: The Politics of Economic Growth in Postwar America* (New York: Oxford University Press, 2002).
3. Eli Cook, *The Pricing of Progress: Economic Indicators and the Capitalization of American Life* (Cambridge, Mass.: Harvard University Press, 2017), 16. On productivity and growth, see also Robert J. Gordon, *The Rise and Fall of American Growth: The U.S. Standard of Living since the Civil War* (Princeton, N.J.: Princeton University Press, 2016), and Robert M. Collins, *More: The Politics of Economic Growth in Postwar America* (New York: Oxford University Press, 2002).
4. Yessenia Funes, "California Power Company Tied to Last Year's Deadly Camp Fire Is Filing for Bankruptcy," Gizmodo, January 14, 2019, https://earther.gizmodo.com/california-power-company-tied-to-last-year-s-deadly-cam-1831733903; Raquel Maria Dillon, "Judge: PG&E Paid Out Stock Dividends Instead of Trimming Trees," KQED, April 2, 2019, https://www.kqed.org/news/11737336/judge-pge-paid-out-stock-dividends-instead-of-trimming-trees; Katherine Blunt and Russell Gold, "PG&E Knew for Years Its Lines Could Spark Wildfires, and Didn't Fix Them," *Wall Street Journal,* July 10, 2019; J. D. Morris, "PG&E Is Less Than One-Third Done with Its 2019 Tree-Trimming Work," *San Francisco Chronicle,* October 1,

5. Justin George, “Returning to an Autopilot System Is Not in Metro's Plans for at Least Five Years, Safety Commission Says,” *Washington Post,* December 10, 2019.
6. Robert McCartney and Paul Duggan, “Metro Sank into Crisis Despite Decades of Warnings,” *Washington Post,* April 24, 2016.
7. Brian M. Rosenthal, Emma G. Fitzsimmons, and Michael LaForgia, “How Politics and Bad Decisions Starved New York's Subways,” *New York Times,* November 18, 2017.
8. Jason Lange and Katanga Johnson, “Crumbling Bridges? Fret Not America, It's Not That Bad,” Reuters, January 31, 2018, https://www.reuters.com/article/us-usa-trump-bridges/crumbling-bridges-fret-not-america-its-not-that-bad-idUSKBN1FK0J0.
9. Pat Choate and Susan Walter, *America in Ruins: The Decaying Infrastructure* (Durham, N.C.: Duke University Press, 1981), 1–3.
10. 引述自 Henry Petroski, *The Road Taken: The History and Future of America's Infrastructure* (New York: Bloomsbury, 2016), 15. 本段及後續兩段的內容大量沿用了 Petroski 對於基礎建設報告的歷史觀點。
11. National Council on Public Works Improvement, *Fragile Foundations: A Report on America's Public Works* (Washington, D.C., 1988), 7–8.
12. National Council on Public Works Improvement, 120.
13. National Council on Public Works Improvement, 6.
14. ASCE, “Report Card History,” https://www.infrastructurereportcard.org/making-the-grade/report-card-history/.
15. ASCE, “Report Card History.”
16. Charles Marohn, “My Journey from Free Market Ideologue to Strong Towns Advocate,” Strong Towns blog, July 1, 2019, https://www.strongtowns.org/journal/2019/7/1/my-journey-from-free-market-ideologue-to-strong-towns-advocate.
17. Charles Marohn, “My Journey from Free Market Ideologue to Strong Towns Advocate.”
18. Congressional Budget Office, *Public Spending on Transportation and Water Infrastructure, 1956 to 2014,* March 2015, 11, https://www.cbo.gov/sites/default/files/114th-congress-2015-2016/reports/49910-infrastructure.pdf.
19. Congressional Budget Office, 13.
20. Charles Marohn, “A Letter to POTUS on Infrastructure,” Strong Towns blog, December 11, 2017, https://www.strongtowns.org/journal/2017/12/11/a-letter-to-potus-on-infrastructure.
21. Charles Marohn, “The Real Reason Your City Has No Money,” Strong Towns blog, January 10, 2017, https://www.strongtowns.org/journal/2017/1/9/the-real-reason-your-city-has-no-money.
22. Charles Marohn, “Part 2: Mechanisms of Growth,” Strong Towns blog, January 22, 2015, https://www.strongtowns.org/journal/2015/1/14/mechanisms-of-growth.
23. Charles Marohn, “Can You Be an Engineer and Speak Out for Reform?” Strong Towns blog,

https://hyperallergic.com/355255/how-mierle-laderman-ukeles-turned-maintenance-work-into-art/.

6. Aryn Martin, Natasha Myers, and Ana Viseu, "The Politics of Care in Technoscience," *Social Studies of Science* 45, no. 5 (2015), 625–41; Michelle Murphy, "Unsettling Care: Troubling Transnational Itineraries of Care in Feminist Health Practices," *Social Studies of Science* 45, no. 5 (2015), 717–37; Sarah Leonard and Nancy Fraser, "Capitalism's Crisis of Care," *Dissent* (Fall 2016), https://www.dissentmagazine.org/article/nancy-fraser-interview-capitalism-crisis-of-care.
7. U.S. Census 2010, *Population and Housing Unit Counts,* September 2012, table 10, https://www.census.gov/prod/cen2010/cph-2-1.pdf.
8. *Oxford English Dictionary,* s.v. "mechanic."
9. *Proceedings of the Roadmasters and Maintenance of Way Association* 24, 97–100.
10. Scott Reynolds Nelson, *Steel Drivin' Man: John Henry; The Untold Story of an American Legend* (New York: Oxford University Press, 2006), 109.
11. Kevin L. Borg, *Auto Mechanics: Technology and Expertise in Twentieth-Century America* (Baltimore: Johns Hopkins University Press, 2007).
12. Lawrence R. Dicksee, *Comparative Depreciation Tables* (London: Gee and Co., 1895); Ewing Matheson, *The Depreciation of Factories, Mines, and Industrial Undertakings and Their Valuation* (London: E. & F. N. Spon, 1893).
13. Federal Highway Administration, *Deferred Maintenance: Roadside Vegetation and Drainage Facilities,* report no. FHWA-RD-77-502 (August 1977), 1.
14. Federal Highway Administration, 40–1.
15. Robert Bond Randall, *Vibration-Based Condition Monitoring: Industrial, Aerospace and Automotive Applications* (Hoboken, N.J.: Wiley, 2011), xi.
16. "List of Vendors and Computerized Maintenance Management," in Terry Wireman, *Computerized Maintenance Management Systems* (New York: Industrial Press, 1986

第四章

1. Associated Press, "Feds: Poor Maintenance Led to Fatal DC Subway Fire," May 3, 2016.
2. NTSB, "Washington Metropolitan Area Transit Authority L'Enfant Plaza Station Electrical Arcing and Smoke Accident, Washington, D.C., January 12, 2015," NTSB/RAR-16/01, May 3, 2016, https://www.ntsb.gov/investigations/AccidentReports/Reports/RAR1601.pdf.
3. NTSB, "Ineffective Inspection, Maintenance Practices, Oversight Led to Washington Metrorail Fatal Accident," news release, May 3, 2016, https://www.ntsb.gov/news/press-releases/Pages/PR20160503.aspx.
4. Faiz Siddiqui, "Can Metro Trains Return to Automation? It's a $1 Million Question," *Washington Post,* June 9, 2018.

15, 2012, https://beltmag.com/fall-of-the-creative-class.
18. Florida, 47.
19. Sam Wetherell, "Richard Florida Is Sorry," *Jacobin,* August 19, 2017, https://jacobinmag.com/2017/08/new-urban-crisis-review-richard-florida.
20. Tom Kelley and David Kelley, "Why Designers Need Empathy," *Slate,* November 8, 2013, https://slate.com/human-interest/2013/11/empathize-with-your-end-user-creative-confidence-by-tom-and-david-kelley.html.
21. Lilly Irani, " 'Design Thinking': Defending Silicon Valley at the Apex of Global Labor Hierarchies," *Catalyst* 4, no. 1 (2018).
22. Peter N. Miller, "Is 'Design Thinking' the New Liberal Arts?" *The Chronicle of Higher Education,* March 26, 2015.
23. Natasha Jen, "Design Thinking Is Bullshit," 99U Conference 2017, https://99u.adobe.com/videos/55967/natasha-jen-design-thinking-is-bullshit.
24. Miller, "Is 'Design Thinking' the New Liberal Arts?"

第三章

1. Brian X. Chen, "The Biggest Tech Failures and Successes of 2017," *New York Times,* December 13, 2017.
2. 我們是取材自以下文獻的基本描述：David F. Noble, *America by Design: Science, Technology, and the Rise of Corporate Capitalism* (New York: Oxford University Press, 1979); Edwin T. Layton, *The Revolt of the Engineers: Social Responsibility and the American Engineering Profession* (Baltimore: Johns Hopkins University Press, 1986); Leo Marx, " 'Technology': The Emergence of a Hazardous Concept," *Social Research* 64, no. 4 (1997), 965–88; Ruth Oldenziel, *Making Technology Masculine: Men, Women and Modern Machines in America*, 1870–1945 (Amsterdam: Amsterdam University Press, 1999); David Edgerton, *The Shock of the Old: Technology and Global History Since 1900* (London: Profile Books, 2007); Paul Nightingale, "What Is Technology? Six Definitions and Two Pathologies," SPRU—Science Policy Research Unit, University of Sussex Business School, 2014, https://ideas.repec.org/p/sru/ssewps/2014-19.html; Eric Schatzberg, *Technology: Critical History of a Concept* (Chicago: University of Chicago Press, 2018).
3. Ursula K. Le Guin, "A Rant about 'Technology,' " 2004, http://www.ursulakleguinarchive.com/Note-Technology.html.
4. Daniel Abramson, *Obsolescence: An Architectural History* (Chicago: University of Chicago Press, 2016).
5. Juliette Spertus and Valeria Mogilevich, "Super Strategies," *Urban Omnibus,* March 29, 2017, https://urbanomnibus.net/2017/03/super-strategies/; Jillian Steinhauer, "How Mierle Laderman Ukeles Turned Maintenance Work into Art," *Hyperallergic,* February 10, 2017,

4. W. Patrick McCray, "It's Not All Lightbulbs," *Aeon,* October 12, 2016, https://aeon.co/essays/most-of-the-time-innovators-don-t-move-fast-and-break-things.
5. William S. Pretzer, "Introduction: The Meanings of the Two Menlo Parks," in *Working at Inventing: Thomas A. Edison and the Menlo Park Experience* (Baltimore: Johns Hopkins University Press, 2002), 12–31.
6. David C. Mowery and Nathan Rosenberg, *Paths of Innovation: Technological Change in 20th-Century America* (New York: Cambridge University Press, 1999), 4–5
7. 用次數擷取自谷歌學術搜尋（Google Scholar）數據。Solow, Robert M. "Technical Change and the Aggregate Production Function." *The Review of Economics and Statistics* (1957), 312-20.
8. U.S. Department of Commerce, Panel on Invention and Innovation, *Technological Innovation: Its Environment and Management* (Washington, D.C.: U.S. Government Printing Office, 1967), 3, 81.
9. Daniel V. De Simone, *Education for Innovation* (Elsevier Science & Technology, 1968), 1.
10. De Simone, 2.
11. National Science Foundation, National Planning Association, *Proceedings of a Conference on Technology Transfer and Innovation* (Washington, D.C.: Government Printing Office, 1967).
12. Jill Lepore, "The Disruption Machine: What the Gospel of Innovation Gets Wrong," *New Yorker,* June 16, 2014.
13. Edward N. Wolff所寫的*Top Heavy: The Increasing Inequality of Wealth in America and What Can Be Done about It* (New York: New Press, 1996)是一部觀察到不平等現象漸增，並加以檢視的早期作品。
14. Chris Kirk and Will Oremus, "A World Map of All the 'Next Silicon Valleys,' " *Slate,* December 19, 2013, http://www.slate.com/articles/technology/the_next_silicon_valley/2013/12/all_the_next_silicon_valleys_a_world_map_of_aspiring_tech_hubs.html.
15. Lepore, "The Disruption Machine." 亦請參見Andrew A. King and Baljir Baatartogtokh, "How Useful Is the Theory of Disruptive Innovation?" MIT Sloan Management Review 57, no. 1 (Fall 2015), 77–90; Evan Goldstein, "The Undoing of Disruption," Chronicle of Higher Education, September 15, 2015; "The Myth of 'Disruptive Innovation,' " Robert H. Smith School of Business, September 15, 2015, https://www.rhsmith.umd.edu/news/myth-disruptive-innovation.
16. Richard Florida, *The Rise of the Creative Class, Revisited,* 10th anniversary edition (New York: Basic Books, 2012), 38
17. 新聞記者法蘭克・伯斯從批評佛羅里達「創意階層」論點的文章中，整理出了一份出色的綜合分析："Richard Florida Can't Let Go of His Creative Class Theory. His Reputation Depends on It," BELT Magazine, December 13, 2017, https://beltmag.com/richard-florida-cant-let-go/. 亦請參見Frank Bures, "The Fall of the Creative Class," BELT Magazine, June

12. Robert Gordon, *The Rise and Fall of American Growth: The U.S. Standards of Living Since the Civil War* (Princeton: Princeton University Press, 2017). 亦請參見：Nicholas Bloom, Charles I. Jones, John Van Reenen, and Michael Webb, "Are Ideas Getting Hard to Find?" *American Economic Review*（即將出版），以及 Patrick Collison and Michael Nielson, "Science Is Getting Less Bang for Its Buck," *The Atlantic*, November 16, 2018.
13. Guglielmo Mattioli, "What Caused the Genoa Bridge Collapse–and the End of an Italian National Myth?" *Guardian,* February 26, 2019.
14. Drake Baer, "Mark Zuckerberg Explains Why Facebook Doesn't 'Move Fast and Break Things' Anymore," *Business Insider,* May 2, 2014, https://www.businessinsider.com/mark-zuckerberg-on-facebooks-new-motto-2014-5
15. 這個構想之所以能引起共鳴的一個原因是，過去已經有很多來自不同領域的學者曾經針對維護、基礎建設以及維修這樣的主題發表過許多文章。他們的著作持續激勵著我們，至今仍是我們的靈感來源。有興趣拜讀的讀者，可以先試著閱讀下列作品：Ruth Schwartz Cowan, *More Work for Mother: The Ironies of Household Technology from the Open Hearth to the Microwave* (New York: Basic Books, 1983); Christopher R. Henke, "The Mechanics of Workplace Order: Toward a Sociology of Repair," *Berkeley Journal of Sociology* 44 (1999-2000): 55–81; Pierre Claude Reynard, "Unreliable Mills: Maintenance Practices in Early Modern Papermaking," *Technology and Culture* 40, no. 2 (1999), 237–62; Stephen Graham and Nigel Thrift, "Out of Order: Understanding Repair and Maintenance," *Theory, Culture & Society* 24, no. 3 (2007), 1–25; Kevin L. Borg, *Auto Mechanics: Technology and Expertise in Twentieth-Century America* (Baltimore: Johns Hopkins University Press, 2007); David Edgerton, *The Shock of the Old: Technology and Global History Since 1900* (London: Profile Books, 2007); Steven J. Jackson, "Rethinking Repair," in *Media Technologies: Essays on Communication, Materiality, and Society,* ed. Tarleton Gillespie, Pablo Boczkowski, and Kirsten Foot (Cambridge, Mass.: MIT Press, 2014), 221–40; and Jérôme Denis and David Pontille, "Material Ordering and the Care of Things," *Science, Technology, & Human Values* 40, no. 3 (2015), 338–67；以及從The Maintainers所主持的會議和聚會收集而來的文章及演講資料，這些資料可以上網至themaintainers.org，點選「活動」（Events）選項進行查閱。

第二章

1. Christine MacLeod, *Heroes of Invention: Technology, Liberalism and British Identity, 1750–1914* (New York: Cambridge University Press, 2007); Joel Mokyr, *A Culture of Growth: The Origins of the Modern Economy* (Princeton, N.J.: Princeton University Press, 2016).
2. MacLeod, 1.
3. Angela Lakwete, *Inventing the Cotton Gin: Machine and Myth in Antebellum America* (Baltimore: Johns Hopkins University Press, 2005).

註釋

第一章

1. Malcolm Gray, "Hidden Threats from Underground," *Maclean's*, September 1, 1986, 83.
2. Henry Blodget, "Mark Zuckerberg on Innovation," *Business Insider*, October 1, 2009, https://www.businessinsider.com/mark-zuckerberg-innovation-2009-10. 祖克伯所說的完整內容為：「臉書的其中一項核心價值觀是『快速行動』。我們以前經常提到要『快速行動，打破常規』。這句話的概念是，要是沒有做出某些破壞，就代表你行動得還不夠快。」講完這段話不到十年的時間，祖克伯就因為臉書侵犯顧客隱私，向美國及歐洲立法者低頭道歉。
3. Peter Manzo, "Fail Faster, Succeed Sooner," *Stanford Social Innovation Review,* September 23, 2008, https://ssir.org/articles/entry/fail_faster_succeed_sooner.
4. Jonathan M. Ladd, Joshua A. Tucker, and Sean Kates, "2018 American Institutional Confidence Poll," Baker Center for Leadership and Governance, Georgetown University, https://bakercenter.georgetown.edu/aicpoll/.
5. Jim VandeHei, "Bring on a Third-Party Candidate," *Wall Street Journal,* April 25, 2016.
6. https://news.gallup.com/poll/1678/most-admired-man-woman.aspx.
7. Dominic Basulto, "The New #Fail: Fail Fast, Fail Early and Fail Often," *Washington Post,* May 30, 2012, https://www.washingtonpost.-com/blogs/innovations/post/the-new-fail-fail-fast-fail-early-and-fail-often/2012/05/30/gJQAKA891U_blog.html.
8. Nadeem Muaddi, "Florida University Used Time-Saving Technology to Build Its Collapsed Bridge," CNN, March 16, 2018, https://www.cnn.com/2018/03/15/us/fiu-bridge-collapse-accelerated-bridge-construction/index.html; Alan Gomez, "Miami Bridge Collapsed as Cables Were Being Tightened Following 'Stress Test,' " *USA Today,* March 16, 2018.
9. Elizabeth C. Hirschman, "Cocaine as Innovation: A Social-Symbolic Account," in *NA—Advances in Consumer Research,* vol. 19, ed. John F. Sherry, Jr., and Brian Sternthal (Provo, Utah: Association for Consumer Research, 1992): 129–39; Andrew Golub and Bruce D. Johnson, "The Crack Epidemic: Empirical Findings Support an Hypothesized Diffusion of Innovation Process," *Socio-Economic Planning Sciences* 30, no. 3 (September 1996), 221–31.
10. Art Van Zee, "The Promotion and Marketing of OxyContin: Commercial Triumph, Public Health Tragedy," *American Journal of Public Health* 99, no. 2 (February 2009), 221–27.
11. Anushay Hossain, "Can an App Solve Racism? This Entrepreneur Says It Can," *Forbes,* September 5, 2016; Stephanie Marcus, "5 iPhone Apps to Help Fight Poverty," *Mashable,* September 16, 2010, https://mashable.com/2010/09/16/apps-fight-poverty/.

作者簡介

李・文塞爾（Lee Vinsel）

維吉尼亞理工大學「科學、技術和社會學系」教授。

安德魯・羅素（Andrew L. Russell）

紐約州立大學理工學院歷史學教授。

兩人一起創建了維護者社群（The Maintainers），志在串聯世界各地的維護工作者、發揚維修的精神，而他們的觀點與成果也散見於《紐約時報》、《大西洋月刊》、《華盛頓郵報》各大媒體。

知識叢書　1152

創新之後：當水電技師、護理師與維修工程師成了稀有人才

The Innovation Delusion: How Our Obsession with the New Has Disrupted the Work That Matters Most

作　者─李・文塞爾（Lee Vinsel）、安德魯・羅素（Andrew Russell）
譯　者─石一久
責任編輯─許越智
責任企畫─張瑋之
封面設計─陳文德
內文排版─張瑜卿
總編輯─胡金倫
董事長─趙政岷
出版者─時報文化出版企業股份有限公司
一〇八〇一九臺北市和平西路三段二四〇號一至七樓
發行專線／（〇二）二三〇六─六八四二
讀者服務專線／〇八〇〇─二三一─七〇五、（〇二）二三〇四─七一〇三
讀者服務傳真／（〇二）二三〇四─六八五八
郵撥／一九三四─四七二四時報文化出版公司
信箱／一〇八九九臺北華江橋郵局第九九信箱
時報悅讀網─www.readingtimes.com.tw
電子郵件信箱─ctliving@readingtimes.com.tw
綠活線臉書─https://www.facebook.com/readingtimesgreenlife/
法律顧問─理律法律事務所　陳長文律師、李念祖律師
印　刷─勁達印刷有限公司
初版一刷─二〇二五年六月二十日
定　價─新台幣四五〇元

時報文化出版公司成立於一九七五年，並於一九九九年股票上櫃公開發行，於二〇〇八年脫離中時集團非屬旺中，以「尊重智慧與創意的文化事業」為信念。

創新之後：創新之後：當水電技師、護理師與維修工程師成了稀有人才／李・文塞爾（Lee Vinsel），安德魯・羅素（Andrew Russell）著／石一久譯
--- 初版 --- 臺北市：時報文化出版企業股份有限公司，2025.6
面；14.8×21公分. ---（知識叢書1152）
譯自：THE INNOVATION DELUSION: How Our Obsession with the New Has Disrupted the Work That Matters Most
ISBN 978-626-419-494-5（平裝）
1.CST：商學　2.CST：商業管理　3.CST：產業發展
490　　114005812

ISBN 978-626-419-494-5　Printed in Taiwan